全館訪問取材

中村元の全国水族館ガイド125

水族館プロデューサー

[写真・著] 中村 元

平成の水族館革命の集大成ができました！

～まえがきに代えて～

水族館は今や日本を代表する大衆文化の一つとなりました。テレビや新聞ではほぼ毎日どこかで水族館の話題が語られ、ネット上では常にだれかが水族館の写真や動画をアップしています。私が水族館の展示係として勤務しはじめた頃の水族館は、動物園の亜流のように扱われ、利用者数も動物園に対してはるかに少なかったのですが、今では全国の水族館の総利用者の数が動物園のそれを上回り、その変化には隔世の感があります。

この変化はとりわけ平成の30年間において劇的に進みました。葛西臨海水族園、海遊館といった新しい巨大水族館の誕生から、美ら海水族館や名古屋港水族館など超巨大水族館の誕生は、平成水族館の特徴の一つです。さらに、昭和の水族館黎明期に生まれた古い水族館のリニューアルも怒濤のごとく行われ、うみたまご、アクアワールド大洗、新江ノ島水族館、サンシャイン水族館、北の大地の水族館など様々な規模の水族館が生まれ変わりました。そしてそれら規模の大小に関わらず、水族館の新たな魅力になったのは水中感あふれる「水塊展示」です。

また、別のアプローチでお客さんから愛される水族館も続々現れました。クラゲ展示に特化した加茂水族館や、ペンギンに特化した長崎ペンギン水族館、海獣の柵無しふれあい展示を発明した伊勢シーパラダイス、スタッフまで展示物にして手描き解説が大人気となった竹島水族館などです。旭山動物園や円山動物園など、動物園展示の水族館化も、平成の水族館時代における大きな変化でした。

平成時代にこうした大きな変化があったからこそ、水族館は動物園の亜流施設の地位から、大人が愛する大衆文化施設へと進化を遂げることができました。さらに、大人が利用する多様なスタイルの水族館が生まれたおかげで、２００５年に私の最初の水族館ガイド『決定版！　全国水族館ガイド１００』が平成初のガイドとして誕生し、その後、毎年のように新たな水族館が誕生することによって、出版社が変わりながらも3回の改訂版を重ねることができました。

そして初版から14年、水族館文化がさらに大きく進化した今、平成の水族館革命の集大成とも言える本書を令和元年に上梓できたのは大きな喜びです。この最高のタイミングを天命と受けとめ、できる限り写真や内容を更新しようと水族館再訪に務めました。結果、本書で紹介する水族館は125館、また再編纂のために改めて訪れた水族館は、新たに掲載した18館を含めて109館となりました。現代の水族館をビジュアルで総ざらえした、平成の水族館革命の集大成に相応しい内容になったと自負しています。

本書が他のガイドと大きく違うのは、全ての水族館を自ら訪問し、その感想と自ら撮影した写真のみを掲載していることです。さらに訪問時も取材という形ではなく、あくまでも一入館者としてチケットを購入し入館することにこだわった道楽的とも言えるスタイルです。

そもそも、最初に全国水族館ガイドを著すに至ったのは、水族館プロデューサーという日本唯一の職業人として、新しい水族館文化の発展に繋がる活動をしたいとの思いからでした。そこで、日本動物園水族館協会以外の水族館や同等施設も探して訪れ、当時で100館の水族館を紹介するという試みを実現しました。それは、ガイド本としての役割よりも、マニアックな読み物にしたほうが水族館に興味を持ってもらえ、水族館文化のために役に立つだろうとの狙いでした。

もちろん多くの方々にその狙い通りにご愛読いただいたのですが、驚いたことに、このガイドを手に水族館を旅する方々も多くいらっしゃったのです。中には100館の水族館を制覇するという強者までもが何人も現れ、感激しました。また、類似のガイド本が次々に発刊され、そのどれもが全国100館を基準に紹介しているのも嬉しい現象でした。水族館文化の発展という私の水族館ガイドの目的は、読者のみなさんのおかげで予想を超えて果たされていたようです。

平成の水族館革命の集大成となるこの最新版『中村元の全国水族館ガイド125』が、更なる水族館ファンを増やす原動力となり、令和の新たな水族館文化が芽生える一助となれば幸いです。

中村元の全国水族館ガイド125

もくじ

本書の利用にあたって

本書は、2012年発行の『中村元の全国水族館ガイド115』(長崎出版)の全面改訂版となります。本ガイドは、カスタマーズ起点での展示計画や運営を得意とする筆者が、全国各地の水族館を実際に訪れ、展示のプロと利用者の両方の視点で、水族館の性格や展示に対する姿勢、さらに展示思想や哲学までをも、わかりやすく解説したものです。

2004年より4回続いた既刊書は、ガイドとしての利用だけでなく、読み物として、またマスメディアや専門家の資料としても信頼されてきました。今回の改定にあたり、できるだけ多くの施設を再訪し、写真の差し換えなど、全面的に内容を見直しました。

なお、筆者の「来館者が水族館と思う施設が水族館」という基準に基づき、いわゆる水族館以外に、水族館の魅力を持った動物園や博物館も含んでいます。新たに訪れた施設を追加したことで、全125施設を紹介した最新の水族館ガイドとなりました。

●満足度チェック

満足度チェックシート

水塊度	★★★★★
ショー	★★★★★
海獣度	★★★★★
海水生物	★★★★★
淡水生物	★★★★★

満足度チェックシートは、顧客起点による満足度を示すことで、その水族館の成績ではないことをご理解ください。ガイドとして、好みの水族館を探す参考としていただければ幸いです。

なお、満足度の基準はあくまでも筆者の個人的感覚によるものです。

各項目の評価内容は以下のとおりです。

・水塊度

水塊とは、近年の水族館の魅力を表すために筆者が創作した言葉で、水中感や浮遊感、水中世界の存在感など、人々が水槽そのものに惹きつけられる要素を示しています。したがって、★の多い水族館ほど、癒やしや清涼感を強く感じるはずです。水槽の数値的な大きさとの相関関係はありません。

・ショー

ショーが目当ての人はこちらを参考にしてください。対象の中心は海獣パフォーマンスですが、ふれあい型の動物パフォーマンスも評価の対象に含めました。海獣以外の生物の実験ショー、さらにダイバーによる解説ショーなどもいくらか考慮の対象にしています。

・海獣度

水生哺乳類と会える満足度を示しています。また、ペンギンも評価の対象に含めました。飼育される動物の種類や数が多いことはもちろん、展示方法の面白さにも重点を置いています。退館後に、海獣との思い出がどのくらいあるか? が基準だと思ってください。

・海水生物

海獣とペンギンを除いた、海の生物と会える満足度を示しています。基本的には種類数や水槽の数といった数量的な値を基準にしていますが、その中でも観覧者の期待度や注目度の高い生物のポイントは高くし、見せ方への力の入れ具合についても考慮しています。

・淡水生物

日本の淡水生物と、海外の淡水生物を対象にした満足度で、どちらもそろっているとポイントが高くなっています。魚類だけではなく、両生類(カエルなど)やハ虫類(カメやワニなど)も対象です。また、淡水生物への知的好奇心が生まれるような、工夫された展示についても考慮しています。

データマークの凡例

HP……ホームページ
LINE……LINE
YouTube……YouTube
f……フェイスブック
……ツイッター
……インスタグラム

営……開館時間など※1
休……休館日※2
料……料金※3
電……電車でのアクセス※4
車……車でのアクセス※4
P……駐車場

※1 主に通常期間の開館時間を掲載しています。GWなどの連休や夏休み期間などは変更となる施設もあります。また冬季は営業時間が短縮される場合もあります

※2 掲載している以外にも臨時休館となる場合があります

※3 通常期間の当日料金です。団体料金など各種割引などは各施設にお問い合わせください

※4 代表的な経路を掲載しました。所要時間や距離などはだいたいの目安です。バスは運行先やルートが変更になる場合があります。事前にお確かめ下さい。

●本書に記載の営業時間、料金などのデータは2019年4月調べのものです。予告なく変更される場合がありますので、事前にお確かめください。

●動物名や分類表記などは、できる限り各施設での表記にして紹介するように努めましたが、一部については、読者の混乱を避けるために本書で統一し、各施設での表記とは異なる場合もあります。

関東

東京都、神奈川県、千葉県、埼玉県
群馬県、茨城県、栃木県

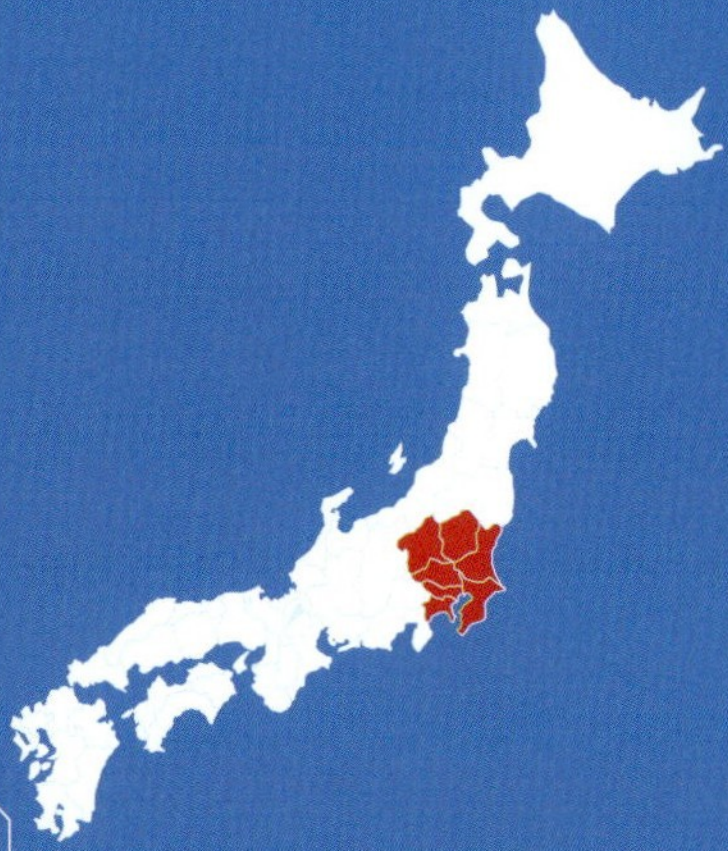

サンシャイン水族館

青空を借景にした天空のペンギン水槽は、どこまでも広がる海にサンシャインが輝くかのような、開放感あふれた水塊になっている

陽光降り注ぐ天空のオアシス

緑の中に住むペンギンが本当の姿。今までより愛らしく活き活きと感じる

Sunshine Aquarium

サンシャイン水族館

HP f 🐦 📷　東京都豊島区

水塊度	★★★★★
ショー	★★★
海獣度	★★★★
海水生物	★★★★★
淡水生物	★★★★★

ペンギンが頭上からやってくる。じっと目を合わせると心が通じたような気分になる

天空のオアシスは日が暮れると、ライトアップされて大人の癒やしのオアシスに変貌する

天空のペンギンの元になった天空のアシカ。第一次リニューアルはこのアシカが、天空のオアシスの象徴になった

天空のオアシス

現代のめまぐるしい日常の中で、ふと心に乾きを感じたとき、潤いを求めて首都圏の人々が訪れるのが「天空のオアシス」サンシャイン水族館だ。

２０１１年に最新の「水塊」を持つ水族館として生まれ変わったサンシャイン水族館が、'17年さらに進化を遂げた。その名の通りサンシャイン（＝心地よい陽光）をまとった新たな天空のオアシスとして再び生まれ変わったのだ。

ビル屋上のエレベーターを降りると、滝の流れ落ちる水音で一気に都会からオアシスへと世界が変わる。植物の緑が眩しい屋外ガーデンで、草原にはペンギンやカワウソが遊び、アマゾンの泉では魚が空にジャンプする。

そして天空のオアシスを象徴するのが、都会の空を泳ぐ天空のペンギンと天空のアシカたちだ。青空を借景にすることでどこまでも広がる海を再現したこの特徴的な展示は、私たちをまるで動物たちと同じ海にいるかのように錯覚させる。地球と命の輝きを感じる至福の時だ。

どこまでも広がるサンゴ礁のラグーン。どこにこんなスペースがあるのかと驚くほど奥行きを感じさせる

ラグーンを借景に舞うチョウチョウウオ

マイワシの群れをコブダイが乱す

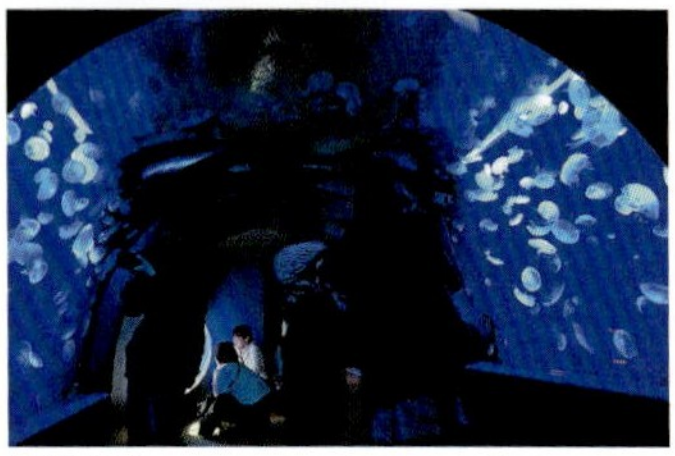
浮遊感たっぷりのクラゲトンネル

命と潤いのコバルトブルー

屋内は、水槽の奥行き感を視覚的に創るさまざまな手法によって、無限に広がるリアルな海の世界を実現させている。1階（ビル10階）部は、海のゾーンだ。ここではサンシャイン（＝陽の光）が水中に届くような水槽づくりが心がけられている。

入ってすぐのコバルトブルーに広がる海を背景にした「サンゴ礁の海」水槽では、美しく育った造礁サンゴの間を魚たちが舞い、地球そのものが生きていることを無条件で感じることができる。

だれもが感嘆の声を上げるのが大水槽「サンシャインラグーン」だ。どこまでも続く白砂と紺碧のかなたに消えるコバルトブルーのグラデーションが、いとも簡単に私たちを南海のラグーンへと導いてくれる。

一方、日本近海の海や海中の鍾乳洞、冷たい深海の展示なども負けていない。多くの水族館では関心を集めにくい暗めの水槽に工夫を凝らし、計算し尽くした照明によってその生命を浮かび上がらせることで、観覧者を惹きつける。

大人が満足する水中世界

サンシャイン水族館の水槽はどれも、私たちを一瞬にして地球上の多様な水中世界へとワープさせる。屋内2階（ビル11階）は陸の水域エリアだ。コバルトブルーの1階から一転して緑の光があふれる展示へと変わる。

この陸地エリアでは、世界の様々な水辺を探検するように回りたい。小さな魚になって水草の森の中に入り込み、熱帯のデルタ地帯をすり抜け、南米のカエルたちや氷が張る湖のバイカルアザラシと挨拶を交わす。

日本の川の湧水池にたどり着けば、暖かな陽光が川底で揺れる水草を育て、魚たちをキラキラと光らせている。

この水族館では、大人が童心に戻る必要はない。大人は大人の感性のままでも、十分に潤いと癒やしと元気を得、子どもは子どもで驚きの水中世界を見つけられる。

サンシャイン水族館のリニューアルは、筆者が展示プロデューサーとして関わっている。少しばかりひいき目であることをお許し願いたい。

上階に上がると緑の世界に変わり、森と川の清涼感に包まれる

ペリカンフィーディングで、大きな網のようになるペリカンのノド袋のすごさを初めて知る

陽光の下、アロワナがエサに飛びつく大ジャンプを見せた

草原のカワウソ。草むらから顔を出すカワウソは可愛らしさが倍増する

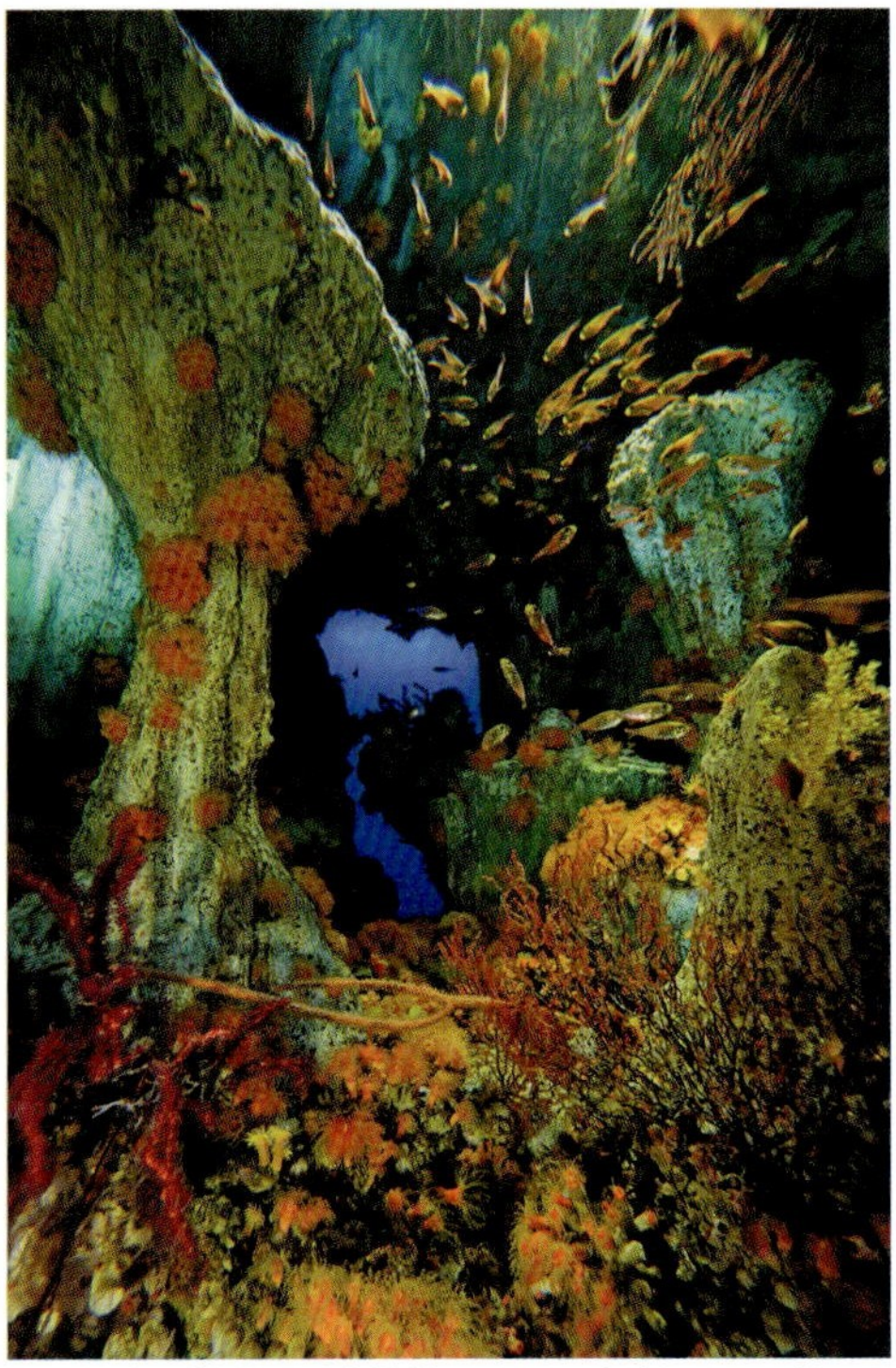

サンゴ礁の鍾乳洞の立体美。キサンゴがあふれ、光の下にキンメモドキが群れる

Information

サンシャイン水族館

☎03-3989-3466

東京都豊島区東池袋3-1
サンシャインシティ ワールドインポートマートビル 屋上

営10:00～20:00(4月～10月)、10:00～18:00(11月～3月) ※季節・曜日によって異なる ※入館は閉館の1時間前まで 休無休 料大人2200円、小・中学生1200円、4歳以上700円 電池袋駅から徒歩約10分、東京メトロ有楽町線東池袋駅から徒歩約5分 車首都高速池袋線東池袋出口から地下駐車場直結 Pあり

水塊度	★★★★
ショー	
海獣度	★★
海水生物	★★★★★
淡水生物	★★★★

クロマグロを世界で初展示したドーナツ型の回遊水槽。クロマグロはぐるぐると全周を回っていないが展示には成功した

Tokyo Sea Life Park

葛西臨海水族園

HP

東京都江戸川区

水族館の王道を行く

東京都民、とりわけ家族連れや魚類好きに強く支持されている巨大水族館。それが葛西臨海水族園だ。水族館の王道を行く水族館である。

葛西臨海水族園は、どこの水族館でも人気を集める海獣に頼らず、新しいスターを独自に育ててきた。また、東京都というさまざまな点で恵まれた背景による、思い切った水族館づくりをしたことで、来館者の気持ちをしっかりつかんできた。

独自に育てたスターとは、なにをさしおいてもクロマグロだ。ふだんはスーパーの切り身でしかお目にかかれず、豊洲市場に行ったって、尾や頭を落とした姿でしか会えない。身近にもかかわらず、生きている姿の見えないマグロという魚。そのマグロを水族館の水槽で泳がせるという大プロジェクトを実現。マグロの大好きな関東人を集めることに成功している。マグロの巨大で美しく張りつめた姿に、思わず「いつもいただいています」と感謝の気持ちがわく。

入館すると迎えてくれるのがアカシュモクザメの群れ

モントレー湾のジャイアントケルプが生き物のように動いている

伊豆七島の海にいるウメイロモドキの群れ

マグロ水槽の反対側をスマやカツオが泳ぐ

いつもいただいているマグロ。その命の輝きに思わず感謝をする。世界一のマグロの集積地、東京ならではの意味ある展示だ

7つの海を総ざらえ

世界とネットワークを持つ東京の力は、水族館の展示にも現れている。太平洋、大西洋、インド洋、北極・南極海、カリブ海の7つの海をすべて押さえて生物を紹介し、さらに深海まで。ここまで徹底して世界の海を紹介している水族館は世界でここだけだろう。

しかもそれが通り一遍の展示ではなく、水槽の一つ一つからさまざまな環境が見えてくるのだ。モントレー湾のジャイアントケルプの水槽がその最たる例で、本場モントレー水族館とはまたひと味違ったリアル感がある。

環境を表現する展示の特徴は、無脊椎動物が多くなることだが、この水族館には無脊椎動物だけで300種近くが展示されている(飼育は約700種)。ふつうの巨大水族館では、すべての生物を合わせても400種前後だから、そのすごさが分かる。

アマモの水槽にはヒメイカやウミナメクジ、チリの海岸では巨大なフジツボを発見。そして北極海の無脊椎動物たちの奇妙な姿には驚かされる。

オオモンハゲブダイ。配慮に欠ける命名

派手な色が似合うヤマブキベラ

カリブの海の女王、クイーンエンゼル

南シナ海の水槽。海底の主は巨大なハタ、タマカイだ

南アフリカ沿岸の海底を再現する水槽。ケバケバしい色のイソギンチャクが群生している

東京湾のアマモの海水槽。アマモは様々な生物のゆりかごとされている

小笠原の海の水槽にいたタマカエルウオ。魚なのに陸上が好きでピョンピョン跳ねて移動する

そして、もう一つのスターが海の鳥類だ。日本での草分け的展示で、エトピリカとウミガラスが水中を飛ぶように泳ぐ。屋外エリアにいるペンギンたちの展示は、波の起こる広いプールで都会を感じさせない。

東京の広大な大自然

少しばかり世界の海に目を向けすぎたが、実は葛西臨海水族園のいいところは、東京の自然をしっかり見せているところだ。渚を再現したり、東京湾を切り口にした水槽群もある。また小笠原や伊豆七島の美しいサンゴの海もあって東京の広さを実感する。

そして、見逃しがちなのが、館外にある淡水生物館。多くの人たちが気づかず、入らないのがとても残念だ。ここは筆者の大のお気に入りゾーン。外光が入り半ばビオトープ化した池は四季折々の水中を見せてくれる。そして、渓流の水の流れは、身も心も奥多摩の谷にまで運んで行ってくれる。

七つの海で興奮した心を、ここで落ち着かせ、葛西の一日が終わる。この水族館は入ってから出るまで、気の抜けない水族館だ。

南の鳥フンボルトペンギンの潜水。群れになって泳ぐ

北方の海鳥、エトピリカの潜水。空はもちろん、海中も飛ぶ

深海底のミドリフサアンコウ

こちらは深海のギンザメの仲間

深海のダイオウグソクムシやエビ、カニ

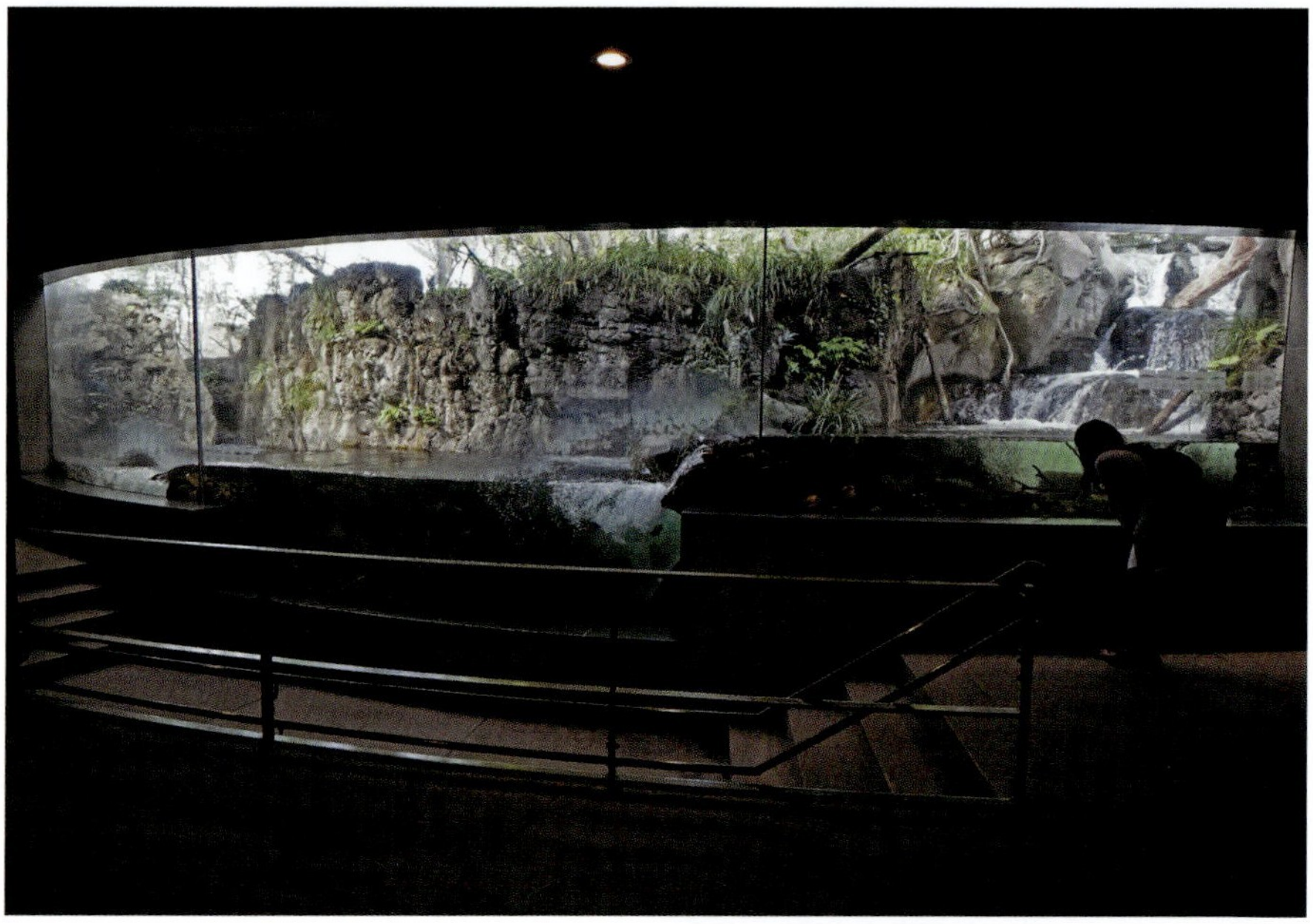
淡水生物館の渓流水槽。静かで清涼感があり最高の癒やし空間。巧妙な擬岩に生木の植栽が観覧者の心を奥多摩まで運んでくれる

Information

葛西臨海水族園

☎03-3869-5152

東京都江戸川区臨海町6-2-3

営9:30～17:00　※夏季延長営業あり　※入園は閉園の1時間前まで　休水曜日(祝日の場合は開園し翌日休)、12月29日～1月1日　料大人700円、中学生250円(小学生以下と都内在住・在学の中学生は無料)、65歳以上350円　電JR葛西臨海公園駅から徒歩約5分　車首都高速湾岸線葛西ICから約2km　Pあり(葛西臨海公園駐車場を利用)

滝壺には魚たちのドラマがある。縄張りを争う姿は見ていて飽きない

ソラマチで水槽アートを楽しむ

開業当初は小笠原の海の色を忠実に再現とのことで、確かに美しかったが、現在は青一色に近く少々残念

水塊度	★★★
ショー	★
海獣度	★★
海水生物	★★★
淡水生物	★★

オブジェ的に配置された水槽。水槽の水塊感は乏しいが、空間の水族館らしさは上がる

SUMIDA AQUARIUM

すみだ水族館

東京都墨田区

HP YouTube

水槽がオブジェとなった空間

東京スカイツリータウン「ソラマチ」にあるすみだ水族館。スカイツリーの付帯施設とあなどってはならない。これがなかなかの規模の斬新な水族館なのだ。一言で現せば「水槽アートの美空間」水族館。

まず出迎えてくれるのが、今までの水族館にはなかった水草アートの世界だ。川の自然の一部を切り取った水草のレイアウトによる「ネイチャーアクアリウム」は、アクアリストの世界だが、生きている絵画そのもので美しい。

クラゲやサンゴ礁のゾーンも、生物種や水中シーンにあわせて水槽へと切り取り、それぞれが絵画的、あるいは彫像のように、暗い空間に青く浮かび上がる。プロジェクションマッピングとコラボした展示も多い。

水槽アートに加えて、花のお江戸の水族館としてこだわっているのが、金魚の展示だ。一般的に水族館では野生生物の展示を目的にしているので、人為的な品種改良による金魚はトピックス的な展示だ。しかしすみだ水族館では、金

ペンギン給餌のトレーナーパフォーマンスが大人気

広いプールをマゼランペンギンが猛スピードで泳ぐ

水草レイアウトによるネイチャーアクアリウム。今までの水族館にはなかった趣向だ

ミヤコタナゴ。東京の淡水魚もしっかりと展示する

突然オットセイが出現！　観覧者が騒然となるイベント

Information

すみだ水族館

☎03-5619-1821

東京都墨田区押上1-1-2
東京スカイツリータウン・ソラマチ 5F・6F

営9:00～21:00　※入館は閉館の1時間前まで　休無休　料大人2050円、高校生1500円、小・中学生1000円、幼児(3歳以上)600円　電東武スカイツリーラインとうきょうスカイツリー駅からすぐ。または東京メトロ半蔵門線など押上駅からすぐ　Pなし

江戸の金魚文化とアートを組み合わせた、水族館では珍しい金魚展示がとてもいい感じ

魚を江戸の文化として展示しているわけだ。金魚展示は、文化的にも生物学的にも興味深く、なにより美しく愛らしくて筆者のお気に入りだ。

青い水に包まれペンギンが群泳

水槽アートの圧巻は、広い吹き抜け部にある、青一色の広いペンギンプールと東京大水槽。美術館なら巨大壁画といったところだ。

ペンギンのプールは屋内では珍しい開放式水槽で、青い水で満たされたアクリルパネルの縁取りは、巨大なカクテルグラスのように美しい。プールには特別企画でプロジェクションマッピングが投影される。映像の花火などの中をペンギンが泳ぎ回る、不思議な世界を見ることができる。

ペンギンの背後エリアにいるのがオットセイだ。このオットセイ、私たちのいるギャラリーに突如現れる。小さい身体だが物怖じせずに、客の間をぬって歩く。いかにも都会っ子なのである。

アートな水族館だが、常連客の目当ては、このオットセイの散歩やペンギンの給餌時間。水族館の魅力はトレーナーが作っている。

展示のいたるところにプロジェクションマッピングが投影される

光と映像とイルカショー!

水塊度	★★★
ショー	★★★★★
海獣度	★★★
海水生物	★★★
淡水生物	★★★

円形のショースタジアムは日本でここだけのデザイン。さらにウォータースクリーンとカクテル光線できらめくショーになる！

ドーム状のトンネル水槽には、東日本で唯一ナンヨウマンタが泳ぐ

Maxell Aqua Park Shinagawa

マクセル アクアパーク品川

HP LINE YouTube f Twitter Instagram

東京都港区

大人の時間の水族館

アクアパーク品川は通常夜10時まで開館という、珍しい日本一夜型でアダルトな水族館だ。最大の人気は都内随一の収容人員を誇る円形スタジアムで行われるドルフィンパフォーマンス。イルカとトレーナーたちが繰り広げるショーのキレの良さは抜群だ。そこにプール中央の天井からウォーターカーテンが降り、カラフルな照明が当てられる。これでイルカショーは、他にない美しいエンターテイメントとなる。

しかしこれは序の口、夜のバージョンはもっとすごい。暗闇の中に浮き上がるイルカとウォーターカーテン、さらにプロジェクションマッピングも加わり、観客の興奮は一気に駆け上る。水族館というよりも、東京の夜のエンターテイメントと呼んでもいい。

光や映像とのコラボレーションは、最近新たに増床されたエリアにもよく現れている。プロジェクションマッピングの水槽エリアや、タッチパネルになった水槽。様々な色に浮かび上がるクラゲの万華鏡部屋。カフェバーのオブジ

タテジマキンチャクダイ成魚と幼魚

サンゴ礁のトラフザメ

暗い海のサンゴ

クラゲ展示というよりも、クラゲ水槽アートの展示

Information

マクセル アクアパーク品川

☎03-5421-1111

東京都港区高輪4-10-30（品川プリンスホテル内）

営10:00～22:00　※入館は閉館の1時間前まで　休無休
料大人2200円、小・中学生1200円、幼児（4歳以上）700円　電JR・京急線品川駅（高輪口）から徒歩約2分　車首都高速中央環状線五反田出口、首都高速2号線目黒出口などが最寄り　Pあり（品川プリンスホテル駐車場を利用）

夜になると水槽照明がますますムーディーになる。ゆったり泳ぐアカシュモク

ェとなった幻想的な色の水槽。主役は生物よりも光と映像だ。

夕方以降がオススメ

生物中心の大型水槽も雰囲気重視のこだわりにより、青い照明が基調となった美しくムーディーな雰囲気だ。ペンギンの展示では極地圏の白夜の薄暮を想定しているのか、背景や照明が夕暮れ時のイメージでとてもロマンチック。

そんな中でのおすすめ展示は、サメとエイが中心になったドーム状トンネル水槽。中でも、ノコギリエイの仲間は世界最大種で大迫力。そしてマンタに会えるのも、関東では唯一ここだけだ。それから、亜南極ペンギンの展示は都内の水族館ではここだけ。比較的長さのあるプールを、オウサマペンギンがよく泳いでくれる。またイワトビペンギンもいる。

夜遅くまでというユニークな営業時間と、雰囲気重視の照明へのこだわり、とりわけ夜のアダルトな演出は、他の水族館で味わえない。アクアパーク品川が目指しているエンターテイメントスタイルで水族館を楽しめるかどうかは、好みの分かれるところだろう。

都会の水辺で喧噪から逃れる

水塊度	★★
ショー	★★
海獣度	★★★
海水生物	★★★★
淡水生物	★★

トンネルの天井が低いため、魚やウミガメが頭のすぐ近くをかすめて通るのが楽しい。平日の昼が静かでおすすめだ

金属色に光るターポンが目の前にやってきた。太古より現代まで生き延びてきた古代魚

SHINAGAWA AQUARIUM

しながわ水族館

HP f ◎

東京都品川区

オーストラリアの冷たい海

東京湾に棲む生物たちが色々

東京湾に注ぐ川には緋鯉を展示

いつでも手軽に楽しめる

品川区民公園の敷地内、人工池のほとりにある中規模で充実した展示を誇る水族館。区民の要望に応えてつくられたもので、近所の小さな子連れの利用者が多いが、都心から便利な場所にあるため、区外からも訪れる人は多い。

新展示の導入が定期的に行われていて、現代水族館の魅力を手軽に楽しむことができる。とりわけ「アザラシ館」は、アクリルパネルをこれでもかというほど使った未来的テイストの水槽だ。青く透明な空間に、ゴマフアザラシたちの浮遊感を展示。子どもたちはアクリルトンネルで水中に浮く自分自身にはしゃぐ。

東京湾に注ぐ川の上流から始まり東京湾の干潟や磯、品川の海へと展開する展示は、リアルな自然感と好奇心をくすぐる工夫があふれている。癒やしの代表的な展示であるクラゲコーナーも新設されている。それらの新施設や改装によって、かつては子どものための水族館というイメージだったが、今では大人も充分満足できる水族館となったのが嬉しい。

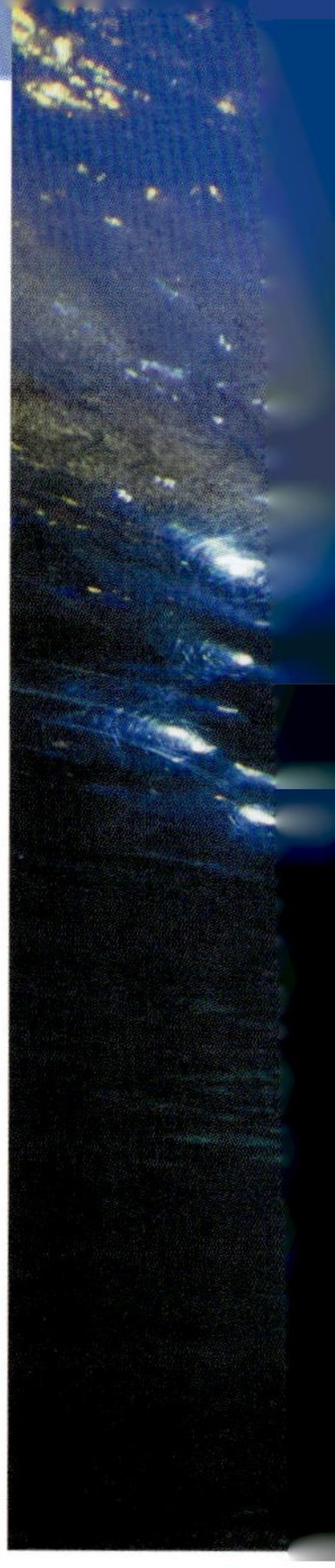

アザラシ館は透明なトンネルだらけ。アザラシが一番よく通る場所や、一番近くなる場所を探してみるのも楽しい

マゼランペンギンの幼鳥

都内で、青空を背に飛ぶイルカはここだけ

Information

しながわ水族館

☎03-3762-3433

東京都品川区勝島3-2-1

営10:00～17:00　※入館は閉館の30分前まで　休火曜日（GW、春･夏･冬休みは除く）、1月1日　料大人1350円、小･中学生600円、幼児（4歳以上）300円、シルバー（65歳以上）1200円　電京浜急行線大森海岸駅から徒歩約8分　車首都高速羽田線鈴が森出口または平和島出口からすぐ　Pあり

顔つきは凶悪だが、実は大人しいシロワニ。個体によっては3mを超えるほど成長するという

基本的な魅力は全てある

新設展示だけでなく、基本的な展示でも、人々が水族館に期待するたいていのことがコンパクトにまとめられている。

頭上の間近に巨大エイが迫るトンネル水槽、2mを超えるシロワニがこれまた目前まで迫るサメの水槽、暗闇で稲妻が光るアマゾンの巨魚の水槽など、現代水族館として必要なアイテムが、適度な規模でしっかり用意されている。

そしてなんといっても注目なのが、東京都内では唯一、青空に向かってジャンプするイルカを見ることのできるイルカとアシカのパフォーマンスである。華やかさではアクアパーク品川のショースタジアムに遅れをとっている感はあるが、やはり青空の下で見る海獣たちの姿は活き活きとして美しく、生命としての魅力を感じるのである。

そして、館内をすっかり楽しんだ最後。ドーンと待っている大物のシロワニに会っていこう。ずらりと並ぶ鋭い歯がいかにも凶悪だが、いたって大人しい。やさしく送り出してくれる。

カイツブリは狩りの潜水に注目したい。究極の行動展示だ

都会の中の静かな水辺に癒される

水中に棲む蜘蛛、ミズグモだ

水生昆虫
コオイムシ

Inokashira Park Zoo

井の頭自然文化園 水生物館

HP 東京都武蔵野市

水槽の並びは単純だが、落ち着いた雰囲気だ

日本の川魚も美しい。婚姻色のカワムツ

ニッコウイワナ。思わず美味しそうと声をあげる

Information

井の頭自然文化園 水生物館

☎0422-46-1100

東京都武蔵野市御殿山1-17-6

営9:30～17:00　※入園は閉園の1時間前まで　休月曜日(祝日や都民の日は開園し翌日休)、12月29日～1月1日　料大人400円、中学生150円(小学生以下と都内在住・在学の中学生は無料)、65歳以上200円　電JR中央線吉祥寺駅から徒歩約10分　車中央自動車道高井戸ICから約5km　Pあり(井の頭恩賜公園駐車場を利用)

カエルも東京人、トウキョウダルマガエル

江戸の水源「井の頭」

水生物館に展示されている生物は、江戸の水源であったここ井の頭の遊水地にちなみ、オオサンショウウオや外来種を除けば、基本的には関東周辺の淡水生物だ。それが、来館者にわかりやすさと安心感を与える。どの水槽にも青々とした水草が茂っていて嬉しい。

ここで人気の生物が、水鳥のカイツブリだ。ふだんは小鳥の愛らしさで水面に浮いているのだが、時折水中のモツゴを狙って潜る。潜ると水面にいたときとはうって変わって細身の顔と首になり、異様に大きな足ヒレを使って泳ぐ。ペンギンのように翼を使ったスマートな泳ぎではなく、空気を入れて足を伸ばすゴム製のカエルおもちゃみたいで、思わず応援してしまう。他の水族館ではほとんど見かけないため、潜る場面は必見だ。ここは、川が好きで近所に住む筆者のオフタイム水族館だ。大きくはないが、川の命を感じ、乾いた心身を潤すには、充分な規模と水槽数。しっかり作り込まれた川の風景は、日本の川にひそむ精霊たちの存在を感じさせてくれる。

関東

イリエワニはハ虫類というより海獣的存在

館内は明るい温室。覆い被さる葉でジャングル感がたっぷり

カメの種類は多い。こちらは泳ぐクリイロヨコクビハコガメ

上野動物園で水族館を楽しむ

両生類ハ虫類と言えば、もちろんオオサンショウウオは外せない

水塊度	
ショー	
海獣度	★★★
海水生物	
淡水生物	★★★

Ueno Zoological Gardens

上野動物園 両生爬虫類館

HP

東京都台東区

両生類ハ虫類に魚類もいる

上野動物園の不忍池のほとりに、かつて立派な水族館があった。葛西臨海水族園ができるまでの話だ。その場所に水族館に代わって新たにできたのが「両生爬虫類館」だ。

エントランスの丸い水槽にはオオサンショウウオが何匹も入っている。何年生きているのか、とてつもなく巨大なものもいる。そこから館内の前半は、ほとんど水族館といえる展示だ。子ども用に低い水中をしゃがんで見てみれば、奥行きのある水中にブタバナガメとオーストラリアハイギョがいた。向かいの水槽にはイリエワニが巨体を伸ばしている。間近で見るワニの迫力はすごい。

ここ以外にも、ホッキョクグマとアシカの展示はギリギリ水族館展示。知っておけば上野動物園でちょっと水族館気分を楽しめる。

展示は普通の動物園ながら、アシカとホッキョクグマにも会える

Information

上野動物園 両生爬虫類館

☎03-3828-5171

東京都台東区上野公園9-83

営9:30〜17:00　※入園は閉園の1時間前まで　休月曜日（祝日や都民の日は開園し翌日休）、12月29日〜1月1日　料大人600円、中学生200円（小学生以下と都内在住・在学の中学生は無料）、65歳以上300円　電JR山手線ほか上野駅から徒歩約5分　車首都高速上野線上野出口からすぐ　Pあり（上野公園駐車場を利用）

蝶の飛ぶ植物園も楽しめる水族館

水塊度	★
ショー	
海獣度	
海水生物	★
淡水生物	★★★

Adachi Park of Living Things

足立区生物園

HP

東京都足立区

温室の中にはアマゾンの水槽がありピラルクーがいる

毎日羽化した蝶が放たれる

アマゾンの大型エイ

工夫された様々な水槽が並び、サンゴ礁などの海水水槽もある

大型水槽で水生生物

足立区元渕江公園内にある足立区生物園。小さな施設ながら、カンガルーやリス、リスザルなど哺乳動物をはじめ、鳥類、爬虫類に加えて、昆虫までと、多様な生物を展示している。とりわけ温室植物園内のチョウチョウは有名で、スタッフが毎日羽化させている大型の美しい蝶が目の前を飛び、ときには手や頭にとまる。大人も癒やされる生物施設だ。

そしてここは、水生生物の展示にもしっかりと力が注がれ、建物に組み込まれた大型の水槽を有している。温室内にはアマゾンの巨大魚ピラルクーやアロワナが泳ぎ、ネコザメやウツボなどの海水魚もいる。エントランスにある幅7mの水槽は今は金魚の水槽だが、以前は日本一美しい水草水槽だった。筆者としては、再開を心待ちにしている。

Information

足立区生物園

☎03-3884-5577

東京都足立区保木間2-17-1

営9:30～17:00(2月～10月)、9:30～16:30(11月～1月)　※入園は閉園の30分前まで　休月曜日(祝日や都民の日は開園し翌日休)、12月29日～1月1日　料大人300円、小・中学生150円　電東武伊勢崎線竹ノ塚駅から徒歩約20分　車国道4号線「竹の塚交差点」を東方向　Pあり

植物園の中にある水族館

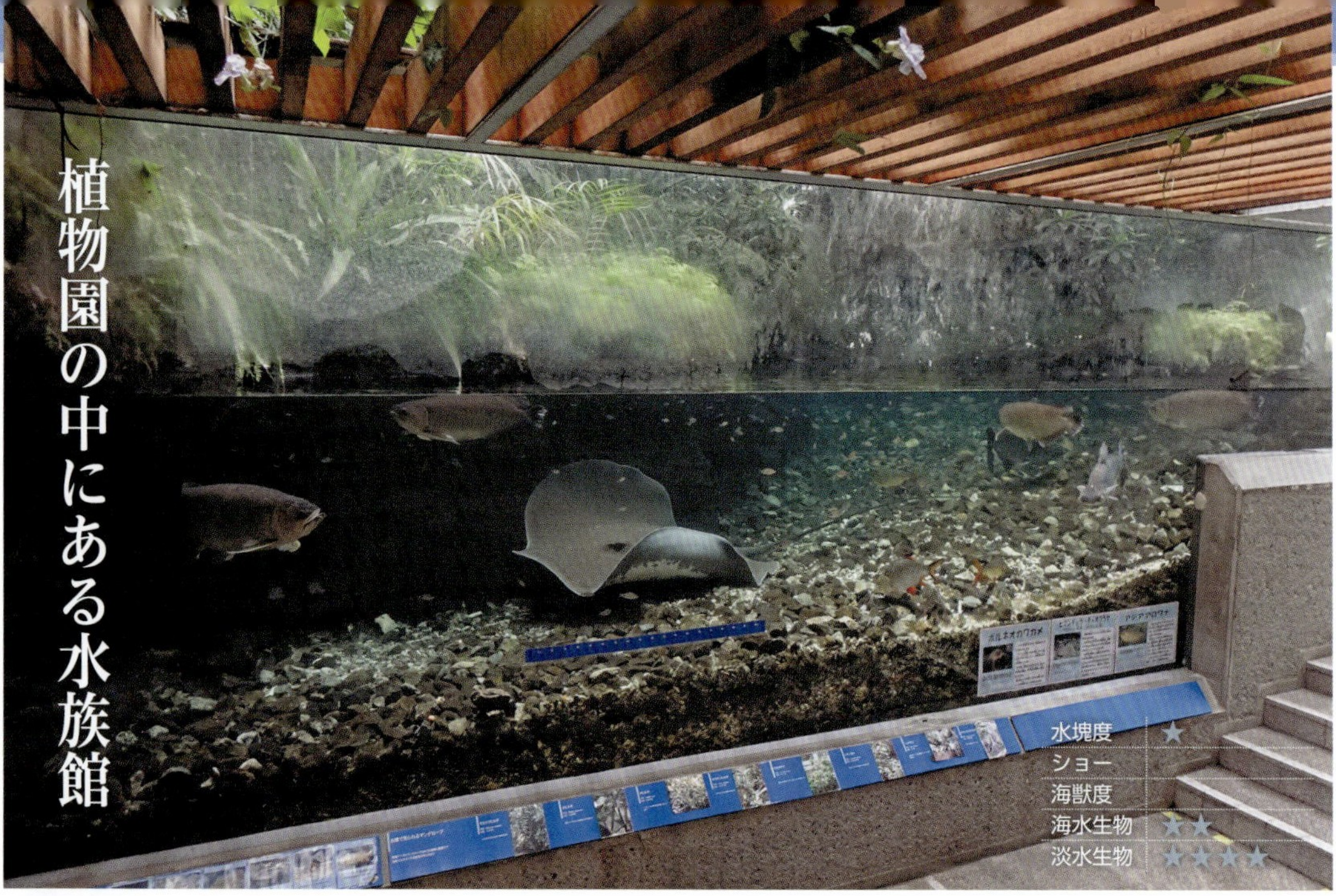

水塊度	★
ショー	
海獣度	
海水生物	★★
淡水生物	★★★★

Itabashi tropical environment plant Museum

グリーンドームねったいかん 板橋区立 熱帯環境植物館

HP f　東京都板橋区

ニョロニョロが美しいファイヤー・スパイニーイール

深海生物水槽があり、タカアシガニが人気

淡水魚はバリエーション豊か。アクアリストの技で展示

サンゴ礁の水槽はひときわ大きく魚種も豊か。じっと見ていられる

多彩なバリエーション

板橋区の熱帯環境植物館にある水族館。ミニ水族館と自称しているが、水槽数が多く中規模水槽も備えている。淡水魚だけでなく海水生物の展示も充実し、見応えも充分だ。

メインフロアに足を踏み入れると、以前にはなかった深海生物の水槽があり、タカアシガニやツボダイがおさまっていた。もはやミニではない。そこから続く最初のコーナーは海水水槽で埋められ、ライブコーラルやサンゴ礁魚類など、一つ一つゆっくり楽しめる。

多くは東南アジア系の淡水魚が中心になった淡水水槽だが、水槽数が多く、水槽内の水草も美しい。水族館ゾーンの最後、温室へのエントランスには大型水槽が設けられ、深さを微妙に変化させた水底づくりがリアルでいい。巨大な淡水エイが悠々と泳いでいた。

Information

グリーンドームねったいかん
板橋区立熱帯環境植物館

☎03-5920-1131

東京都板橋区高島平8-29-2

営10:00～18:00　※入館は閉館の30分前まで　休月曜日(祝日は開館し翌日休)、年末年始　料大人260円、小･中学生130円(土日、夏休みは無料)、65歳以上130円　電都営三田線高島平駅から徒歩約7分　Pなし

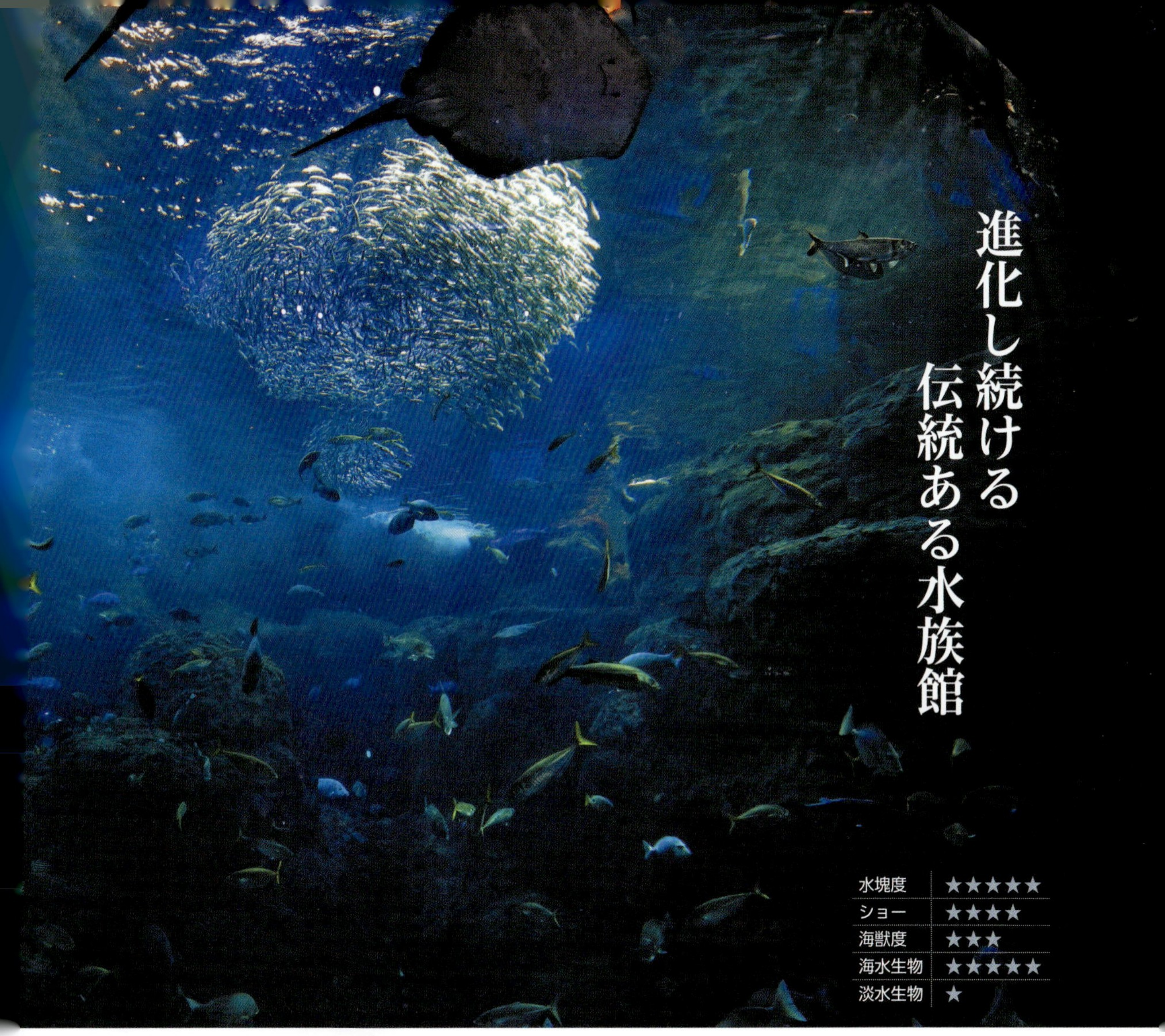

進化し続ける伝統ある水族館

水塊度	★★★★★
ショー	★★★★
海獣度	★★★
海水生物	★★★★★
淡水生物	★

エントランスに入ると、海鳴りとともに波が落ち寄せる

ENOSHIMA AQUARIUM

新江ノ島水族館

HP

神奈川県藤沢市

ニッポンの水族館

日本人は海や川に畏れを抱き、神や物の怪の存在を意識する。それが本来のニッポンの心、万物にはすべて精霊が宿っているというアニミズムだ。新江ノ島水族館の展示にはそのアニミズムが内包されている。

メインの水槽「相模の海大水槽」で、怒涛のように打ち寄せる波に驚いた後、波間から覗く底知れぬ海底を見れば、きっと海に引き込まれるような気分になる。海藻がゆらゆらと揺れる水槽の前に立っていると、海藻の向こうから何者かがこちらをうかがっているような気分になるはずだ。

さらに、食卓に載る生物たちを紹介するコーナーの解説には、なぜ食べ物に「いただきます」と言うかが書かれている。いずれも、水族館だからといって自然科学にこだわるのではなく、むしろ人文系博物館として、日本人が忘れかけていた世界観を思い出させたいという狙いからだ。

実はここまでは、十数年前のオープン時に展示監督をさせてもらったときに筆者が創り上げたコン

クラゲ展示の第一人者としての誇りが漂うクラゲファンタージーホール

クラゲ展示の始まりは旧江の島水族館時代から現在も力を入れており、他館を凌駕する

相模の沖合にあるキサンゴの海底。鮮やかな赤と黄色に竜宮城を思い浮かべる。

揺れるアラメの影から、何者かがこちらをうかがっているような生命感の強い水槽

相模の海大水槽は、切り立った岩が迫り、奥はほの暗く見えない。ここは海の生物たちの世界、自然への畏怖感が目覚める。マイワシの群れが巨大な一つの命のように、常にその形を変える。エサなどを使うことなくこうした動きが見られるのは、なぜかここだけ

セプトだ。その時の面影を水槽に残しながら、新江ノ島水族館は、さらなる進化を続けている。

知的好奇心を揺さぶる

人々の知的好奇心を揺さぶる展示をする。それが新江ノ島水族館のポリシーだ。

深海コーナーでは「しんかい6500」などを持つ海洋研究開発機構との共同研究によって、常に最新の深海生物展示を行っているが、特筆すべきは、海底から吹き上げる熱水などを頼りに生きてきた化学合成生物の生態系の再現を世界で初めて実現した水槽だ。

クラゲの展示は旧江の島水族館時代に、本格的な周年展示を成功させた輝かしい歴史がある。新江ノ島水族館では、そのクラゲを美しくかつダイナミックに見せるクラゲファンタジーホールを用意した。クラゲ研究の第一人者だからこそ、クラゲを生物としてではなく、その命を見せた。日本人にはクラゲの儚げな美しさが伝える命のメッセージが伝わりやすい。ここには近年、プロジェクションマッピングを解説に利用した展示が追加された。こけおどしではない映像の使い方だ。

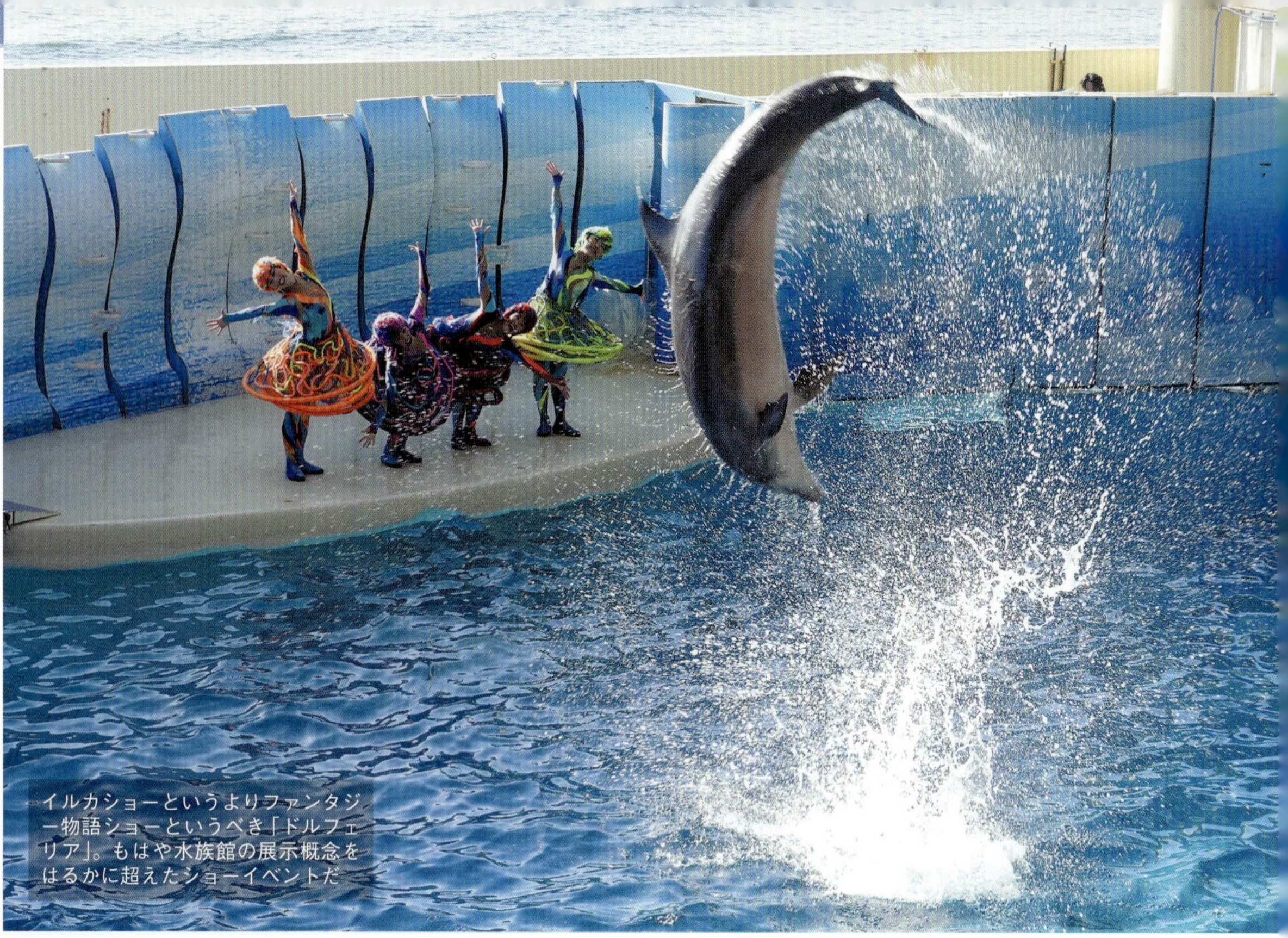

イルカショーというよりファンタジー物語ショーというべき「ドルフェリア」。もはや水族館の展示概念をはるかに超えたショーイベントだ

海獣ショー以外でも、屋内展示でアザラシ、カワウソ、ペンギンと会うことができる

スタッフは役者並みの演技。新江ノ島水族館では飼育スタッフをトリーターと呼ぶ

江の島の特産品シラスを世界初の常設展示。カタクチイワシを累代繁殖させることで成功した。命をいただくをテーマにした展示の代表格

化学合成生態にこだわった水槽。表示の数字は4.5℃の低温海水に45.5℃の熱水が吹き出ているという意味。深海探査船などからの映像でしか見られなかった光景

ゴエモンコシオリエビ。胸の剛毛でバクテリアを増やして食べる

サツマハオリムシ。口や胃はなく共生する化学合成細菌のエネルギーで生きる

水族館生まれのフウセンウオ。愛らしい姿とぎっしりいる数が評判になっている

チカメキントキ。深海生物の展示は魚類も含んでいて種類が豊富だ

ライブコーラルとサンゴ礁魚

Information

新江ノ島水族館

☎0466-29-9960
神奈川県藤沢市片瀬海岸2-19-1
営9:00～17:00(3月～11月)、10:00～17:00(12月～2月) ※入館は閉館の1時間前まで 休無休 料大人2400円、高校生1500円、小・中学生1000円、幼児(3歳以上)600円 電小田急線片瀬江ノ島駅から徒歩約3分 車横浜新道戸塚料金所から約40分 Pなし

しんかい2000をプロジェクションマッピングで装飾して実物展示している

都会的なショーの数々

イルカとアシカのパフォーマンスも旧江の島水族館時代からの伝統があり、湘南リゾートの有名コンテンツとして特別にあか抜けていた。その伝統は新江ノ島水族館に受け継がれ、とても都会的にショーアップされている。

イルカとアシカが演じるパフォーマンス以上に、トレーナーの演技の完成度は、まるで舞台を見ているような気持ちにさせられる。さらに、コーラスとダンスの女性パフォーマーたちとイルカのコラボによる、ファンタジー物語のバージョン「ドルフェリア」なるショーもあり、地元の親子連れに大人気とのこと。水族館のいわゆる一般的なイルカパフォーマンスの常識を大きく超えている。

大水槽でのダイバーによる展示解説、また、クラゲのホールでのプロジェクションマッピングも、ショーとして一流のイベントに昇華させているところが、この水族館の都会的で新しいところだ。

江ノ島という観光地にあって、さまざまな客層のニーズを満たす懐の深さを備えた水族館だ。

YOKOHAMA HAKKEIJIMA SEA PARADISE

横浜・八景島シーパラダイス

HP YouTube f 神奈川県横浜市

水塊度	★★★★
ショー	★★★★★
海獣度	★★★★★
海水生物	★★★★★
淡水生物	★★

全国の魅力的な展示を吸収

地方で開発された人気の展示を次々に取り入れて、関東でブームを起こすというのが八景島シーパラダイスの持ち味だ。巨大な八景島全体に、水族館空間の楽しさ、癒し感、エネルギーがどんどん広がっている感がある。

海獣たちとのふれあいブームを受けて、日本最大級の新施設「ふれあいラグーン」をオープン。また名古屋港水族館で開発された、マイワシの群れを美しく変化させるマイワシトルネードをいち早く取り入れて、スーパー・イワシ・イリュージョンなる人気イベントに仕立てている。

さらに、旭山動物園のアザラシチューブを水族館で初めて導入したのもこちら。また、新江ノ島水族館で大ヒットしたプロジェクションマッピングは、本家以上に使っている。大型水族館で人気のジンベイザメの展示にも複数回挑戦し、そのたびに話題になった

今どきの流行展示をなんでも取り入れるだけでなく、さらにアピール度や話題性の高いものに仕上げているのだ。

マイワシイリュージョンのイベントが行われる大水槽

関東では最大規模のショースタジアム。イルカの数や種類が多い

セイウチの他、アシカやペンギンも出演してコミカルな演技をする

シロイルカとトレーナーの水面パフォーマンスはここならではのスタイル

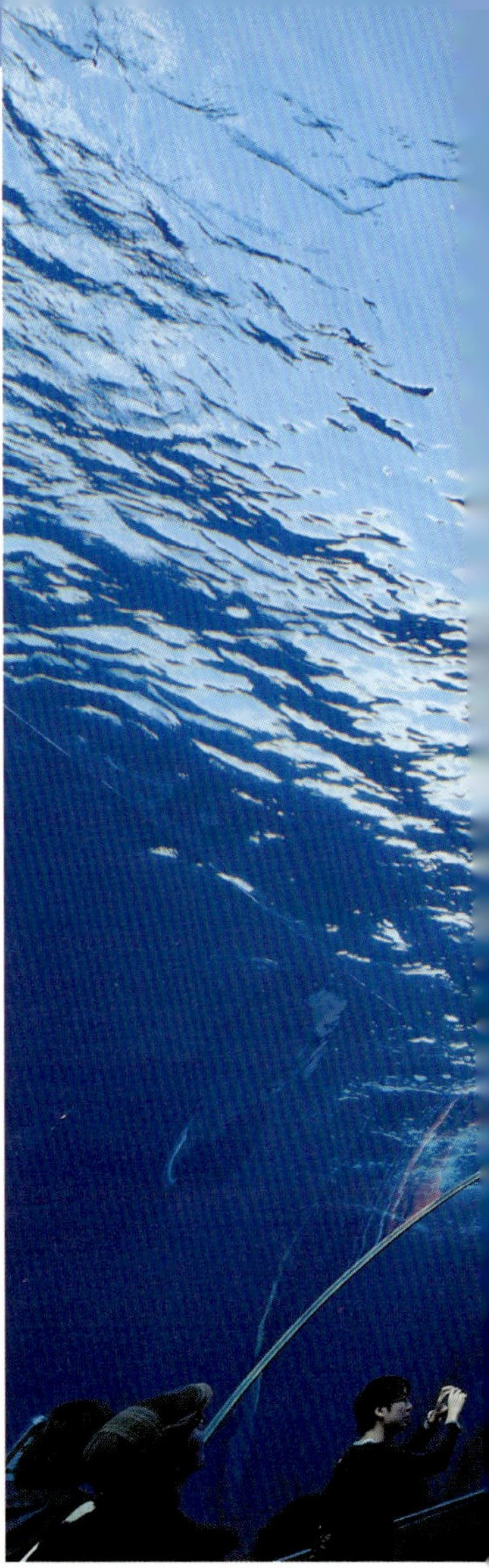

ドルフィンファンタジーのイルカ水槽は、水中から空が見えるという新しい世界を水族館につくった。作り物ではなく本物の青い水中を味わえる

豪快で自由な海獣ゾーン

展示される動物や見せ方は豪快かつ自由だ。メインとなっている動物は、イルカの仲間やセイウチなど人気動物にアシカやアザラシの仲間といった海獣、それにたくさんのペンギンがいて、ホッキョクグマの展示も水族館で初めて始めた。イルカ以外はまるで動物園だが、そこはしっかりと、それぞれに広い環境再現型のプールを与え、水族館らしい展示方法をとっている。

海獣ゾーンの向かいにある大水槽ではスーパー・イワシ・イリュージョンが見られるが、どこがスーパーなのかと言えば、照明と音楽、さらにはプロジェクションマッピングまで組み合わせたところだ。

海のパラダイスを楽しむ

八景島シーパラダイスをパラダイスたらしめているのは、イルカや海獣たちの大規模ショーである。巨大なアクアスタジアムは2千人を収容可能で、ここで行われるイルカや海獣たちとトレーナーによるダイナミックなパフォーマ

陽光の射す白砂底の水槽には、レモンザメやウミガメなど大型の生物がいる

本館屋内は、ライブコーラルとサンゴ礁魚の展示で始まる

ホッキョクグマを水族館として初めて展示したのがここ

人工滝の前にある熱帯淡水魚の水槽。レッドテールキャットが見えた

25周年のリニューアルの核「フォレストリウム」のコツメカワウソ展示

ペンギンは種類が多く見応えがある

ふれあいラグーンのアザラシチューブ

ンスは大人気だ。

そしてショー以外にも見逃せない展示がある。それが「ドルフィンファンタジー」館の頭上を泳ぐイルカたちだ。青空を背に泳ぐイルカを仰ぎ見れば、イルカたちの海に一緒に潜ったような気持ちになれる。

この展示こそが、八景島シーパラダイスのオリジナリティが光る展示と評価できるところだ。この屋根のないトンネル水槽の開放感と、水中から見上げる空の美しさは、筆者にも、遠い昔のドルフィンダイビングの感動を思い出させてくれたのである。

Information

横浜・八景島シーパラダイス

☎045-788-8888

神奈川県横浜市金沢区八景島

営10:00〜18:00、9:00〜20:00(土日祝) ※季節によって異なる 休無休 料大人3000円、小・中学生1750円、幼児(4歳以上)850円、シニア(65歳以上)2450円 電金沢シーサイドライン八景島駅からすぐ 車首都高速湾岸線幸浦出口から約1.5km Pあり

ホッキョクグマのプールは海のような奥行

水塊度	★★
ショー	
海獣度	★★★★
海水生物	
淡水生物	

ミナミアフリカオットセイが目の前にやってきてくれる

YOKOHAMA Zoo Zoorasia

よこはま動物園ズーラシア

HP f 神奈川県横浜市

ユーラシアカワウソは大型で見応えがある

旭山動物園の先駆け

最近の動物園には水族館ファンが十分に楽しめる展示が増えてきたが、その先駆けともいえるのが横浜市の動物園、ズーラシアだ。緑の森に包まれた広大な園内の「亜寒帯の森ゾーン」には、巨大な水槽展示がいくつもあり、意外なことに水塊も水族館並みだ。

とりわけホッキョクグマの水槽は、ホッキョクグマプールとしては、国内の動物園水族館の中で飛び抜けて広く深い。

水族館では珍しいミナミアフリカオットセイのプールは、つくりが巧妙でとても奥行きを感じる。オットセイも水中で気持ちよさげにくつろいでいる。

他にも、広大なフンボルトペンギンの水槽、ユーラシアカワウソの水槽などがあり、それぞれ動物園らしく太陽の下、明るい水中での姿を観察することができる。

フンボルトペンギンの広いプール。見ていて心地よい

Information

よこはま動物園ズーラシア

☎045-959-1000

神奈川県横浜市旭区上白根町1175-1

営9:30～16:30　※入園は閉園の30分前まで　休火曜日(祝日の場合は開園し翌日休)、12月29日～1月1日　料大人800円、高校生300円、小・中学生200円　電相鉄線鶴ヶ峰駅・三ツ境駅、JR横浜線・横浜市営地下鉄中山駅から「よこはま動物園」行きバスで約15分　車保土ヶ谷バイパス下川井ICから約5分　Pあり

昭和レトロが今こそ新しい！

巨大な円を描く大回遊水槽の直径は日本最大。これだけの円周があれば魚たちにとっても無限の直線に感じるはず。シロワニなど大型のサメたちが悠々と泳ぐ

珍しいイサキの群れが美しい

水槽は古いが展示は丁寧で美しい

水塊度	★★
ショー	★★★★★
海獣度	★★★
海水生物	★★★★★
淡水生物	★★

近場の海の展示にも手を抜かない

閉館

KEIKYU ABURATSUBO MARINE PARK

京急油壺マリンパーク

HP YouTube Twitter　神奈川県三浦市

巨大ドーナツ水槽

京浜急行電鉄が終着駅三崎口周辺のレジャー開発の核として設立したのがこの水族館だ。1968年のオープンなので、新設やリニューアルが盛んな昨今、施設や展示が古いのではないかと想像されるだろうが、行くのをためらうほどではない。むしろ経済や文化が未来に向かっていた昭和の活気が感じられて新しい部分もある。

さらにこの水族館はいつも、広い敷地内に時代の最先端を行く施設を増設し、そのたびに驚かせてくれる。最近ではコツメカワウソの展示バリエーションが増え、常にどこかでカワウソの潜水が見られるようになった。

そもそもオープン当時の水族館自体が、今でも十分に通用するレベルにあった。たとえば600トンのドーナツ型大回遊水槽などは、今日でも世界最大の規模を誇り、悠々と泳ぐオオメジロザメは本州で唯一展示される危険ザメ。また、魚の習性を利用した、珍しい魚のショーの水槽もしっかり備え付けられており、これがなかなか面白いのだ。

ノコギリエイもかなりの大型で迫力がある

危険ザメのオオメジロザメが複数いるのは貴重

カワウソの家族が複数いる

アシカたちののどかな昼下がり

他にはないタイプの屋内劇場型ショー。同伴愛犬用の席もある

関東

Information

京急油壺マリンパーク 閉館(2021年9月30日)

☎046-880-0152

神奈川県三浦市三崎町小網代1082

営9:00～17:00　※季節によって異なる　※入館は閉館の30分前まで　休1月第2月曜日の翌日から4日間休館　料大人1700円、中学生1300円、小学生850円、幼児(3歳以上)450円　電京浜急行線三崎口駅から「京急油壺マリンパーク」行きバスで約15分　車横浜横須賀道路衣笠ICから約25分　Pあり

ここのキタイワトビペンギンたちは体格だけでなく態度もオラオラ系なのが最高！

時代の先端を行く新施設

　そして、1981年にオープンしたのが、イルカ・アシカの屋内ショー劇場「ファンタジアム」だ。この施設には度肝を抜かれた。海獣ショーのために巨大で豪華な劇場をつくり、ミュージカル仕立てにするという発想は、当時ラスベガスにだってなかった。あれからもう40年近く経つが、カクテル光線と素晴らしい音響に乗せて演じられるショーには、今もだれもが魅せられる。ショー好きならば一度は見ておきたい。

　さらに、ペンギンファンに有名なのがここのイワトビペンギンだ。体格のいい亜種のキタイワトビペンギンなのが、人気の秘密である。今や日本最大のコロニーで40羽以上に増えた。

　キタイワトビペンギンは、体が大きいだけでなく、ツンツン頭の逆立ちぶりや金髪メッシュの長さが、他の水族館のイワトビペンギンを寄せ付けないほどに立派である。燃えるように真っ赤な目の色も魅力的だ。彼らに会いに行くだけでも、京浜急行を終点まで乗る価値がある。

芦ノ湖畔のプレジャー水族館

陽光の下でバイカルアザラシがこんなにたくさん楽しそうに暮らしている水族館は他にない。涼しい高地だからできる展示だ

芦ノ湖畔らしく清流の展示。ウグイとオイカワの群れが美しい

バイカルショーの大人気出し物、温泉アザラシ。表情もいい湯だな～♪

水塊度	★★★
ショー	★★
海獣度	★
海水生物	★★★
淡水生物	★★★★★

Hakone-en Aquarium

箱根園水族館

HP

神奈川県足柄下郡

山の中に海がある

富士山を望む芦ノ湖畔、箱根園にある水族館だから、さぞや淡水魚に特化した水族館なのだろうと思って訪れたら、大間違いだった。入館したとたんに予想をくつがえされる、大きな海中が広がっていたのだ。もとは淡水水族館だったが、新たに海水水族館「海水館」ができて、海抜７２３ｍという、日本で最高標高の海水水族館になったのだ。

しかも、海水館は付け足しではなく、まったくあなどれない。メインの大水槽の水量は１２５５トン、水深７ｍというサイズで、全国でも有数の大きさだ。水槽の中には擬岩ではなく、朽ちた沈没船を横たわらせてある。こういった人工物を水槽展示に使う手法は、思わぬリアル感を演出し、水槽空間を大きく見せる効果もある。

アミューズメントに徹する

海水館は水槽の数こそ少ないが、大型水槽の組み立てによって構成され、広がりを感じる。

暖かい海の大水槽、大型のサメやエイの水槽、ペンギンが泳ぐ大

最大の水槽は深く広い海水水槽で、中央には沈船を配置。縁起を担ぐ日本では他の水族館では見られない演出

ピラルクーやアリゲーターガーなど巨大淡水魚がたくさん

ワニガメ。カメの種類が多くて見応えがある

サメの種類は多く、下から眺められる場所もある

Information

箱根園水族館

☎0460-83-1151

神奈川県足柄下郡箱根町元箱根139

営9:00〜17:00　※季節によって異なる　※入館は閉館の40分前まで　休無休　料大人1500円、こども(4歳〜小学生)750円　電小田急線箱根湯本駅から伊豆箱根バス「箱根園」行きで約65分　車小田原厚木道路小田原西ICから約70分　Pあり

涼しい気候だからかオウサマペンギンも元気いっぱいだ

きな水槽、タカアシガニの水槽。全体を通したテーマが特にあるわけではなく、客ウケを狙った展示が並べられている。これはある意味、正直な展示方法だ。場所が山の中、テーマを気にし始めたら、そもそも山の中に海水水族館をつくる発想そのものがあり得ないからだ。アミューズメントに徹しているのだろう。

その傾向は淡水館のほうにも現れている。目の前の芦ノ湖に関係した展示はごくわずかで、日本産も少ない。アマゾンの巨大魚をはじめ、世界の特徴ある魚たちに、水辺に棲む水鳥の水槽、そしてバイカルアザラシのプールによって構成されている。

涼しいこの地では、屋外の広いプールでたくさんのバイカルアザラシが飼育され、水中の観察室はプールの全幅が窓になっている。バイカルアザラシたちは、それぞれに違った性格や癖があって見飽きない。この水族館で大ブレイクしたのが、ショーの中での温泉芸「いい湯だな〜」だ。その格好は、まさに温泉を楽しんでいるかのよう。今や各地で人気だが、ここが温泉芸発祥の地だ。

相模川の自然に触れる

河口から上流に向かってさかのぼる相模川を模した水槽

トウキョウサンショウウオ。川の小動物の展示が充実している

水塊度	★
ショー	
海獣度	
海水生物	★
淡水生物	★★★★

Sagamihara Aquarium

相模川ふれあい科学館 アクアリウムさがみはら

HP f　神奈川県相模原市

一番人気なのはオオサンショウウオ。とても見やすい

婚姻色に色づいたサクラマス。ヤマメの降海型で立派な大きさ

遡上のための魚道をイメージした水槽では、アユが遡上し群れる

相模川を上流から旅する

日本のどこでも川は身近な存在だが、そこに何種類くらいの魚が棲んでいるかなんて考えない。まあそれほど多くはないのだろうって？　相模川で見つかった魚はなんと130種類にもなるそうだ。

相模川は山中湖から相模湾まで約113km、その流域の特徴や魚類を40mの長さの水槽で表したのが「流れのアクアリウム」だ。その流れは、渓流から河口まで9つの環境に区分けされている。なるほど、これだけさまざまな環境があるのなら、130種類にのぼる魚類が棲み分けられることだろう。

堰の多い相模川らしく、堰をかわして魚が遡る魚道を模したドーナツ水槽があり、アユたちが遡上の様子を見せてくれる。オオサンショウウオなど両生類の展示や、カメやカニなどの展示も整い、大人も充分に楽しめる。

Information

相模川ふれあい科学館 アクアリウムさがみはら

☎042-762-2110

神奈川県相模原市中央区水郷田名1-5-1

営9:30～16:30　休月曜日（祝日の場合は開館）　料大人390円、小・中学生130円、65歳以上190円　電JR横浜線相模原駅から「水郷田名」行きバスで「ふれあい科学館前」下車すぐ　車圏央道相模原愛川ICから約6km　Pあり

ゴールデン・バタフライフィッシュ。こちらは合コンパーティという水槽

イセエビの水槽にはエビ天丼の食品サンプル。エビ天になるのはクルマエビなのだが……

マダコの水槽。たこ焼き器からタコが逃げ出しているようで、写真を撮る人続出

寿司ネタになる生物の水槽。お寿司屋さんに普通にある水槽と同じだが、水族館だからこそ面白い

水塊度	
ショー	
海獣度	
海水生物	★
淡水生物	★★

閉館

Yokohama Omoshiro Aquarium

ヨコハマおもしろ水族館

HP LINE f

神奈川県横浜市

おやじギャグ連発の水族館

赤ちゃん水族館は幼稚園をモチーフにつくられている。これはスベリ台下のトンネル水槽。水槽が小さいだけでなく、生物も幼体が多い

笑いのネタが展示にいっぱい

この水族館で、水族館のなんたるかなんて考えてはいけない。あるいは、新しいタイプの水族館を期待してもいけない。ヨコハマおもしろ水族館は、水族館をネタにしたお笑いアミューズメント施設なのだ。そう思って入れば、入ったとたんから楽しむことができるだろう。いや、実際よく考えられている。パロディあり、ナンセンスあり……。

付帯する「赤ちゃん水族館」は、小さな子どもが見やすいように、水槽の高さが床に近くて、ハイハイ仕様だが、展示生物たちにも赤ちゃんがたくさんいて、大人も満足できる。

中華街のど真ん中にあるので、全体の雰囲気が中国風になっているが、くれぐれも中国の水族館がこんな感じだとは思わないようにしていただきたい。

Information

ヨコハマおもしろ水族館 閉館(2021年11月23日)

☎045-222-3211

神奈川県横浜市中区山下町144番地 チャイナスクエアビル3F

営10:00～18:00、10:00～20:00(土日祝) ※入館は閉館の30分前まで 休無休 料大人1400円、小人(4歳以上)700円、65歳以上1000円 電JR京浜東北線・根岸線石川町駅から徒歩約5分 車首都高速横羽線横浜公園ICから約1km Pなし

シャチのパフォーマンスと言えば鴨川シーワールド。迫力、力強さ、スピード、癒やしなど、シャチの持つ力と存在感をアピールして、野生生物との共生を訴えるのがシーワールド方式

海獣たちの海で非日常体験！

水塊度	★★★
ショー	★★★★★
海獣度	★★★★★
海水生物	★★★★★
淡水生物	★★

スタジアム下のレストランから水中のシャチたちと会うことができる

Kamogawa SEA WORLD

鴨川シーワールド

HP YouTube

千葉県鴨川市

シーワールド＝海の世界

鴨川シーワールドには、いくつにもテーマ分けされた展示ゾーンがあり、それぞれが高い完成度を誇っている。

日本の川から深海までをを切り取った「エコ・アクアローム」、熱帯サンゴ礁をあますことなく表現した「トロピカルアイランド」は、それだけで水族館に来た満足感が味わえる。

高い完成度のなかでも、飛び抜けて素晴らしいのが、海獣に関わる展示だ。人気の海獣たちがこれでもかというほどに、自然環境を再現した広大なプールにいる。

またパフォーマンス（ショー）は、鴨川シーワールドの看板でもある。シャチ、シロイルカ（ベルーガ）、イルカ、アシカの４つのショーが次々と連続して行われる。さらに、ヒレアシ海獣たちや、魚などのフィーディングタイム、ペリカンのお散歩タイムなど盛りだくさん。シーワールドへの訪問には、１日しっかり時間を取っておくのと、入場したらまず、その日のスケジュール表を確認することを忘れずに。

シロイルカの水中パフォーマンスは世界初のショースタイル

セイウチの赤ちゃんは好奇心が強く、親を押しのけて挨拶に来てくれる

ペンギンたちにはロッキーアイランドの地階で会うことができる

アシカとアザラシの広いプールを覗けば、海獣たちの本来の能力を見ることができる

海鳥エトピリカの潜水。コンブの間を抜けて器用に泳ぐ

魅惑の海獣パフォーマンス

ショーのなかでもぜひ見ておきたいのが、シャチのパフォーマンスだ。シャチは体が大きく力持ち、頭がよく器用で、しかもコミュニケーション能力もある。人間ではなかなかお目にかかれない存在だが、シャチにはそれが当てはまる。ここでのシャチの飼育とパフォーマンスの歴史は古く、1970年に日本初のパフォーマンスを開始。シャチのロデオや、トレーナーを空高く打ち上げる人間ロケットを、いち早く日本に取り入れている。加えて繁殖も日本で初めて成功させている。

シロイルカのショーでは、ダイバーが水中に潜る水中劇場を行っている。このようにイルカショーを水中で見せるという方法や、イルカに目隠しをしてエコーロケーション能力を見せるというのも、ここが世界初。鴨川シーワールドの海獣パフォーマンスは自ら王道を創り上げたものだ。

海獣の水中観覧とペンギン

一番奥のエリアには、人気のヒレアシ海獣たちを巨大な岩礁プー

トロピカルアイランド、白砂のラグーンを再現した大水槽。浅瀬に向かって波が押し寄せる

美しいサムクラゲ。目玉焼きのよう。クラゲゾーンは充実している

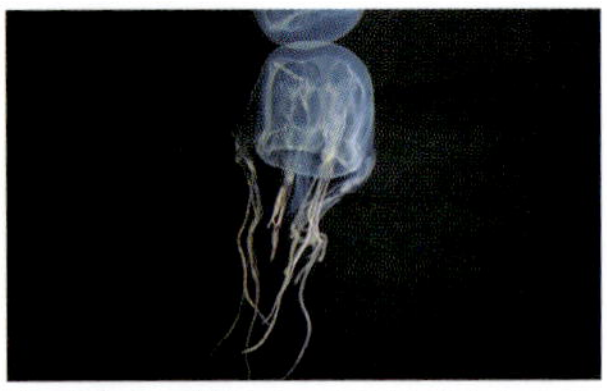

毒が強く、刺されて死者が出たこともあるハブクラゲ

暖かい海洋を再現した深い水槽

エコアクアロームの展示は日本の川の上流から始まる。こちらはイワナと水鳥

ノコギリ状の吻と2本のヒゲをもつノコギリザメ。鴨川沖の深海生物を展示する大きな深海生物水槽にいる

河口域の景観にはアマモが繁茂し、小魚の群れが隠れる

ルで展示する「ロッキーアイランド」がある。ゴロゴロしているアザラシや、可愛いセイウチの子どもを見ているだけで満足してしまいがちだが、ここには水中を見る地階があることを忘れてはならない。アシカもアザラシも、セイウチもトドも、本当の彼らの姿は優雅で格好いい。機敏な泳ぎを見せてくれる上に、気が向けば観覧者と遊んでくれる。

さらに、オウサマペンギンなど亜南極ペンギンや海鳥たちの豪華なプール、そしてイルカの水中窓などがここに隠れているのだ。忘れずに訪れて欲しい。

Information

鴨川シーワールド

☎04-7093-4803

千葉県鴨川市東町1464-18

営9:00～17:00　※季節によって異なる　休12月、1月に休館日あり　料大人3000円、小人（小・中学生）1800円、幼児（4歳以上）1200円、60歳以上2400円　電JR外房線安房鴨川駅から無料送迎バスで約10分　車館山自動車道君津ICから約35km　Pあり

利根川源流で
川の清涼にひたる

トンネル水槽は利根川下流、コイなど日本の川の大型魚と、中国大陸から移入された外来魚が泳ぐ

特別展示の熱帯淡水魚
レッドテールキャット

渓流展示にはイワナやニジマスなどサケ科の魚が多い

Minakami Mizukikokan

水紀行館 水産学習館

HP f　群馬県利根郡

水塊度	★
ショー	
海獣度	
海水生物	
淡水生物	★★★★

群馬県唯一の水族館

海のない群馬県だが、利根川源流の町・みなかみ町の道の駅に水族館がある。

渓流を擬岩で模した水槽には利根川上流の魚たちがキラキラと泳ぎ、流れる水音が耳に心地よく、館内は涼感たっぷりだ。もちろんそんな大らかな展示だけでなく、小水槽にはギバチやタナゴなど小さな魚たちがしっかり展示されている。

一番人気はトンネル水槽。ここには日本の大型魚のコイやナマズに混じって、食料難時に大陸から移入され、今ではすっかり利根川下流の住民となったソウギョやアオウオといった大魚が悠々と泳いでいる。

またニジマスを高級品種に改良し、群馬県ブランドのギンヒカリと命名しているとあった。中国魚もニジマスも利根川ではポピュラーな魚。川の住民事情から社会が分かるのも水族館の面白さだ。

利根川の渓流を表現した展示は、冷たい水温と水音で涼感たっぷりだ

Information

みなかみ道の駅 水紀行館 水産学習館

☎0278-72-1425

群馬県利根郡みなかみ町湯原1681-1

営9:00～17:00　※入館は閉館の30分前まで　休7月～10月は第4火曜日、11月～6月は第2・第4火曜日　料大人300円、高校生200円、小・中学生100円　電JR上越線水上駅からタクシーで約5分　車関越自動車道水上ICから約3km　Pあり

サメにこだわる巨大水族館

水塊度	★★★★★
ショー	★★★
海獣度	★★★★
海水生物	★★★★★
淡水生物	★★★

大洗と言えばあんこう鍋。地元の名士キアンコウ

Aqua World Ibaraki Prefectural Oarai Aquarium

アクアワールド茨城県大洗水族館

茨城県東茨城郡

サメへのこだわり

アクアワールド大洗は、関東有数の巨大水族館だ。２００２年に大洗水族館がリニューアルし、今の形となっている。この時からのこだわりがサメだ。世界一のサメ水族館を目指しているのだそうで、ロゴマークにもサメが入っている。２０１９年４月時点で飼育しているサメは54種類。なるほど日本一のコレクション数で、相当な力の入れようである。

実際に水族館を訪れてみると、かなり大きなサメ専用のプールが２つもある。サメなんてどれも違わないだろうと思っていたら、大間違いだ。でかいのやら、小さいのやら、尖っているのやら、丸いのやら、いかにも怖そうなのから深海に棲むサメまで、それはバラエティに富んでいる。

発信力もあり、ニュースでニューフェイスのサメがやってきたとか、新しいサメの飼育に成功したなど、アクアワールドの話題をよく目にする。水槽をつくったら終わりというのではなく、スタッフの世界一を目指す気持ちと努力の実践がとても好ましい。

「出会いの海」の大水槽は、1階からは見上げるように、また2階からは正面で楽しめる

「出会いの海」の大水槽に張り出した観覧ギャラリーは、海中都市か潜水艇の窓から海中を見ているようなイメージでテンションが上がる

イルカプールの水中観察窓。プールからもれる青い光がとても幻想的だ

マンボウの水槽はこだわりの深さと広さ。大ジャンプをすることもあるという

深海コーナーの展示はとても濃い。アブラボウズやタカアシガニなど大型深海生物がいる

メリハリのある展示

この水族館には、展示のこだわりによるメリハリがあって飽きない。サメ展示と同じように力を入れているのが、マンボウの飼育だ。あのゆったり泳ぐマンボウに対して、広くて深い水槽を用意。もちろん日本最大のマンボウ水槽だ。その大水槽に大小複数のマンボウが泳いでいる光景は壮観だ。

とはいっても展示生物の種類ばかりを追っている水族館ではない。現代水族館に必要な魅力「水塊」は、「出会いの海」ゾーンの大水槽でたっぷり味わうことができる。水中に大きく張り出した窓や、水塊がのしかかるように傾いた吹き抜けのアクリルは圧巻だ。

この水槽には、イワシの大群も入っているのだが、照明の効果が素晴らしく、キラキラと美しい。イワシの群れの見どころは、水槽にダイバーが入るアクアウォッチングの時だ。この時、イワシの群れは瞬時に形を変えゆく、命のオブジェとなる。

そのほか海獣類も豊富だ。ダイナミックなイルカとコミカルなアシカのパフォーマンスもある。

大型のサメたちはゆったり泳ぐ。それが強さを強調する

サメの海のゾーンは広い、特に大型のサメたちの水槽は巨大で荘厳な印象

剣呑顔のレモンザメ。黄色っぽい体色で、動きはそれほど早くない

トクビレが自慢のヒレを広げて求愛行動をとっていた

やさしい顔のトラフザメ。おもにサンゴ礁のあるところに棲むという

淡水熱帯魚も展示する。ミドリフグはインドネシアやタイなどに生息

お食事タイムを逃さない

屋外にはフンボルトペンギンやオットセイのいる岩場とプールがある。そして屋内にはゴマフアザラシと海鳥エトピリカが展示されている。

　このエトピリカの魅力は水中潜水にある。餌の魚をペンギンのように海に潜って捕らえるのだ。水中を飛ぶように泳ぐ姿が実に格好いい。じっくり見られるのは餌の時間だけ。1日に2度しかない食事タイムを見逃さないように！

Information

アクアワールド茨城県大洗水族館

☎029-267-5151

茨城県東茨城郡大洗町磯浜町8252-3

営9:00～17:00　※季節によって異なる　※入館は閉館の1時間前まで　休6月と12月に休館日あり　料大人1850円、小・中学生930円、幼児（3歳以上）310円　※2019年10月より新料金　電鹿島臨海鉄道大洗鹿島線大洗駅から巡回バスで約15分　車北関東自動車道水戸大洗ICから約8km　Pあり

エトピリカの潜水シーンはエサの時間が狙い目。翼でぐんぐん泳いでクチバシに何匹もの魚をくわえる

普段は水面上に浮かぶか、岩場で休んでいることも多い

ペンギンの水槽はかなり深い。フンボルトペンギンがよく潜る

関東

Kasumigaura City Aquarium

かすみがうら市水族館

HP

茨城県かすみがうら市

霞ヶ浦水系を学ぶ

コイなど大型の魚が泳ぐが、水槽の汚れが気になる

熱帯淡水魚の中規模水槽。レッドテールキャット

3本の中規模水槽と、多くの小型水槽で構成されている

水塊度	
ショー	
海獣度	
海水生物	★
淡水生物	★★★★

湖畔の学び舎

霞ヶ浦に面した水族館で、自ら「湖畔の学び舎」とうたっているとおり、霞ヶ浦水系の生物を中心に展示を展開している。

霞ヶ浦は4つの水域の総称で、日本で2番目に大きな湖面を持つ。豊かな水量に加え汽水域の魚や海から遡上する魚が多く、古くより漁業が盛んだった。

水族館は小さいながらも、数多くの変化に富んだ水槽を展示。じっくり見て回れば、霞ヶ浦のいくらかを学ぶことができる。たまたまアクリルの汚れがひどい時で、一部水中が見えなかったが、クリアなら一層楽しめるだろう。

Information

かすみがうら市水族館

☎029-896-0722

茨城県かすみがうら市坂910-1
営9:00～17:30　※入館は閉館の30分前まで　休月曜日（祝日の場合は開館し翌日休）、12月28日～1月1日　料大人310円、小・中学生150円　電JR常磐線土浦駅から霞ヶ浦広域バスで約50分「田伏」下車　車常磐道千代田石岡ICまたは土浦北ICから約40分　Pあり

心をくつろがせる川がある

水塊度	★★★
ショー	
海獣度	
海水生物	★★
淡水生物	★★★★★

水槽の背後につくられた植栽と水中の水草。緑の豊かな那珂川の水塊に引き込まれる。フローリングの床に座り込む人が少なくない

近頃の人気者カピバラ。気が向くとトンネル水槽を潜る

Nakagawa Aquatic Park

栃木県なかがわ水遊園

HP

栃木県大田原市

那珂川のあふれる自然

那珂川は、栃木県那須岳に源流を発し、栃木県から茨城県を潤して太平洋に注ぐ川で、豊かな自然が数多く残っている。古くからサケが遡上する川として知られ、アユ釣りやヤマメ釣りのメッカとしても人気の川だ。

なかがわ水遊園は、人造湖の上に建てられた建物内にあり、体験交流ゾーンと水族館ゾーンに分かれている。水族館内へと向かうエスカレーターに乗れば、眼下には滝の岩肌や、川の水槽が見渡せ、木のフローリングの暖かみに気持ちが安らぐ。

最初のゾーンは那珂川の自然を紹介した展示だ。水槽を屋外に設置し、周りに本物の植物を植栽するという工夫のおかげで、水槽の中へ木漏れ日や落ち葉が舞い落ちて、リアルさが際立っている。

川底で縄張り争いをしているアユなどを観察するなら、迷わずフローリングの床に座り込もう。まるで川の中に座しているような気分になれる。この視線と水塊感覚には、よその水族館ではなかなか味わえない新鮮さがある。

那珂川はアユの友釣りで有名。アユの動きをじっと観察する釣り師のお父さんがいた

栃木県の絶滅危惧種ヤリタナゴが、外来種のオオカナダモとともに展示。これが自然の現状

アマゾンのトンネル水槽は温室の中にあり、陽が降り注ぐ。向こうに見えるのは通路

Information

栃木県なかがわ水遊園

☎0287-98-3055

栃木県大田原市佐良土2686

営9:30～16:30　※入園は閉園の30分前まで　休月曜日（祝日の場合は開園し翌日休）、第4木曜日（祝日の場合は開園）、1月第4週の月～金曜日　料大人600円、小・中学生250円　電JR宇都宮線西那須野駅から関東バスで約35分　車東北自動車道西那須野塩原ICから約25km　Pあり

トンネルから眺めると空にピラルクーの赤いお腹が浮かぶ

自然光がゆきわたる世界の川

那珂川の流れに沿って海まで出ると、海の磯や沖合の展示、栃木県や日本の淡水魚へと範囲が広がる。そして、ここのもう一つの見所は、南米アマゾンを中心とした「世界の川」ゾーンだ。

最上階全体が温室となっており、ジャングルが広がる中に、熱帯雨林の魚たちの世界を展示するエリアだ。アマゾン川を巨大なトンネル水槽で再現、ピラルクーなどが泳ぐ姿を、川底から見上げるように観察できる。また近頃の人気はカピバラで、気が乗るとピラルクーのいる大水槽に潜りに来てくれる。その可愛らしい姿に、その場に遭遇した人は誰もがカピバラファンになるという。

展示の最後に少々場違い感のあるサンゴ礁の水槽コーナーがある。ここのゾーン名は「あこがれの海」だそう。なるほどこの水族館は、海のない栃木県民のための水族館だからだろう。しかしこの水族館、栃木県民だけでなく、県外から訪れるのに十分な価値がある。淡水魚好きならば、一度は訪れたい水族館だ。

日本の淡水にこだわった展示

エントランスで迎えてくれたのは美しいアユの群れ。アユはスーパーで買えるが、生きている姿を見る機会は少なくなった

水塊度	★
ショー	
海獣度	
海水生物	
淡水生物	★★★★★

Saitama Aquarium

さいたま水族館

埼玉県羽生市

荒川水系にも移植されたニジマス。エラから尾ビレにかけて朱色の縦帯が入る

オオサンショウウオはこの水族館の人気者。小学生の団体が大騒ぎだった

身近な多様性

淡水魚、しかも日本産にこだわって展示を行っている水族館が「さいたま水族館」だ。とりわけ埼玉県水系の在来種と外来種にはほぼ全て会える。

水族館は埼玉県の羽生水郷公園の中心的施設だ。この公園は敷地の半分以上が沼で、それはかつて羽生一帯のそこかしこにあった自然環境でもある。

この水族館の日本の淡水へのこだわりは、その沼から始まっている。沼地は多様な野生生物の宝庫であり、さまざまな生物を支える楽園だった。水族館に展示された、見知った名前の身近な生物たちは、かつてはこの地にいくらでもいたのだ。少し前までは、彼らを食べるのは当たり前だったし、子どもたちはタモ網や水中眼鏡を持って、彼らに遊んでもらっていた。現代というのは、その身近な生物たちに、水族館でしか会えなくなっている時代なのだ。

ここは次世代を担う子どもたちを連れて行きたい水族館。できれば沼の公園も楽しんでいただくことをおすすめする。

食虫植物ムジナモ、根を持たずに浮いている。自生地はこの公園の沼だけという特別な展示

美しく色づいたオイカワの群れ。朱色の長く伸びたヒレが目を引く。春から夏にかけてオスは鮮やかな婚姻色になる

利根川では、中国大陸からのソウギョやアオウオが繁殖している

アマゾンのナマズ、レッドテールキャット。ほぼ全ての淡水水族館にいる

Information

さいたま水族館

☎048-565-1010

埼玉県羽生市三田ヶ谷751-1

営9:30～17:00、9:30～16:30（12月～1月） 休3月～11月は第1月曜日（ただし4月は第2月曜日。祝日の場合は開館し翌週に振替）、12月～2月は毎週月曜日（祝日の場合は開館）、12月29日～1月1日 料大人310円、小・中学生100円 電東武伊勢崎線羽生駅または加須駅からタクシーで約15分 車東北自動車道羽生ICから栗橋方面へ3km Pあり

Yamagata Tansuigyo Aquarium

閉館 山方淡水魚館

HP YouTube Twitter

茨城県常陸大宮市

まちの小さな水族館

全て淡水魚、階段状に並べられた水槽で川の流れを表現。正面の水槽にはイトウを展示

イワナやヤマメからフナやコイまでわりあい豊富

水塊度	
ショー	
海獣度	
海水生物	
淡水生物	★★

オオサンショウウオが大きく、ここではスター生物となっている

小さくてもしっかり水族館

思わぬところに思わぬ水族館があった。観光地でもなく、本当に水族館などあるのか心配になる場所だが大丈夫、かなり本格的だ。

入ったらすぐに複数のオオサンショウウオが出迎えてくれる。少々グロテスクな風貌と、川のどこにいるのだ？ というほどの巨体が、人気の秘密なのだろう。動きがなくても王者の貫禄だ。

奥の部屋には、階段式の水槽が螺旋階段に沿って並んでいて、涼しげでもあり美しくもある。つまりそれは立派に水族館だと言うことだ。地域に密着した水族館の役割を、しっかり果たしている。

Information

山方淡水魚館 閉館（2023年3月31日）

☎0295-57-6681

茨城県常陸大宮市山方535

営9:00～17:00、9:00～16:00（12月～2月） 休月曜日（祝日の場合は開館し翌日休）、12月29日～1月3日 料大人150円、小・中学生70円 電JR水郡線山方宿駅から徒歩約5分 車常磐自動車道那珂ICから約20km Pあり

Column 01

全国の水族館ベスト10

National aquarium best 10

魅力的な水塊がある水族館

「水塊」という言葉は筆者が水族館プロデュースをする際に、水槽計画の重要要素として使う言葉なのだが、近年になって一般的に水槽の魅力を表す言葉としても使われることが見受けられるようになった。本書では水族館の最大の魅力の一つとして扱い、チェックシートでも「水塊度」のカテゴリーを設けている。

筆者の定義する水塊とは、展示水槽のあるべき姿である。それは、海や川の水中から、そこに見え感じる全ての感覚を塊にして切り取ってきたものが、展示に値する水槽であるという考え方だ。

見え感じたものであるから、水槽の大きさに関わらず、どこまでも続く海の広い景観、水による浮遊感、生物たちの存在による立体感、キラキラと踊る陽光の柱、流水の清涼感、水流や生物による躍動感……と水中であることが容易に感じられる要素が必要だ。

実は水族館を訪れる多くの方々は、生物を観察することだけが目的ではない。水生生物たちを含む「水中世界」に瞬間移動できることを期待し、むしろ、目的のほとんどは、それだけであることが多い。

だから、大人が水中の非日常を求めて水族館を目指す。暑い夏には涼しさを求める人々が水族館に集まる。ミズクラゲという名前も確かめずその浮遊感の虜になる。

水塊は命の源である水によって、現代社会や暮らしにストレスを感じる人たちに、安らぎと潤いを与えるようだ。だから水塊度の高い水族館には大人の利用者が多く、水塊度の高い水槽の前には、長く留まる人々が多い。

そして、そのような水槽では、本来は魚の観察をする気持ちがなかった人たちも、魚の姿や行動にある魅力を発見する。ダイビングを始める人たちが、まずはその広く青い世界に目を見張り、浮遊感に感動した後で、生物との出会いや発見に好奇心を刺激されるのと同じ順番なのだ。

水塊度の高さは、かつては水槽の大きさだけで決まっていたが、近頃では美しさの追求や新しい技法など、様々な工夫によって水塊度の高い水族館が増えて来た。

全国の水族館の中から、現代人ならぜひ訪れたい水族館を、水塊度を基準にランキングしよう。

aquarium best 10

1 110p **名古屋港水族館**

圧倒的な水量という力業で極上の水塊を実現。しかも複数、魅力的な水塊水槽がある

2 8p **サンシャイン水族館**

遠近法などを駆使した最新の水塊がある。空を借景にした浮遊感も魅力的だ

3 198p **沖縄美ら海水族館**

元祖水塊水族館。巨大水槽にジンベエザメの浮遊感が積算される

4 172p **しものせき水族館 海響館**

世界最大級のペンギン水槽がある。ペンギンの躍動感と立体感が圧巻

5 76p **アクアマリンふくしま**

自然光の射す水槽と、暗い親潮や深海のコントラストがダイナミック

6 150p **海遊館**

巨大水槽による水塊は今も健在。ナイト照明時にはより際立つ

7 104p **のとじま水族館**

日本海側随一の水塊水族館。ジンベエザメ水槽の深い青色が幻想的

8 54p **北の大地の水族館**

淡水水族館随一の水塊。世界初の滝壺や湖など幻想的な景観が独自

9 60p **円山動物園**

ホッキョクグマ館は動物園随一の水塊。アザラシの浮遊感も開放的

10 176p **マリホ水族館**

生きている水塊、小さいが躍動する水流そのものを見せて新しい

北海道

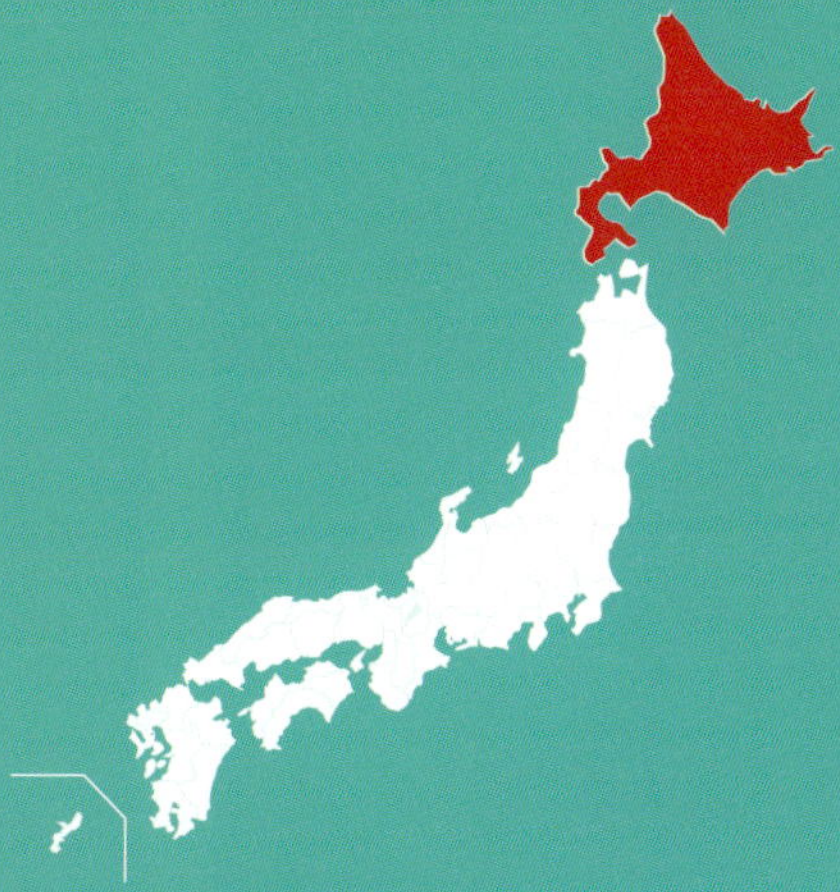

ノシャップ寒流水族館

「いただきます！」の水族館

1〜2月の厳寒期には結氷の下を魚が泳ぐ。世界唯一の展示

KITANODAICHI-Aquarium

北の大地の水族館

山の水族館

HP f

北海道北見市

世界初が2つもある

北見市留辺蘂町《るべしべちょう》温根湯《おんねゆ》、大雪山にほど近い内陸に、淡水水族館としては最高の水塊が誕生した。ここには世界初の水塊が2つある。

まず最初の世界初は、滝壺を下から眺める半トンネル水槽だ。瀑布によって真っ白な泡が巻き起こる激流に、北の大地の美しい魚オショロコマたちが翻弄されながらも泳ぐ。躍動感あふれるこの水塊は必見だ。普段見ることのない情景に感嘆することだろう。

そしてもう一つが凍る水槽だ。温根湯は冬になるとマイナス20度を下回る道内でも特別に寒い地域なのだが、その寒さを利用しており、冬期に川の流れが凍る。これこそ世界初の展示、「四季の水槽」だ。分厚い氷の下にじっと耐える渓流の魚たちを見たいなら、真冬に訪れるに限る。

もちろん冬以外の季節に訪ねても楽しめる。「四季の水槽」は季節により違う表情を見せる。夏には白波が立つほどの急流が水槽内に再現され、今までの水族館にはなかった、躍動感あふれる水塊を楽しむことができる。

滝壺から上を眺めれば、泡立つ激流にオショロコマの群れが踊る。飽きることのない水塊だ

北海道にいるニホンザリガニ。体長約4～6cmと小型だ

ヒメマス。北海道の川魚で最も美味しいと言われる

アマゾンの巨魚たち。魔法の温泉水でウロコが剥がれても完治する

湖の水塊を1m超のイトウが悠々と泳ぐ神秘的な光景。「いただきますライブ」が人気

大きく美しいアジアアロワナ。東南アジア原産

食育ショー「いただきますライブ」のシーン

北海道の川の水中を、陽の降り注ぐ流れや森の景観とともに展示した北の大地の四季水槽。季節によって表情が変わる

巣をつくる魚トミヨ。北海道ゾーンは北海道産のみで展示

エゾサンショウウオが自らの卵を守る様子に出会った

Information

北の大地の水族館 山の水族館

☎0157-45-2223

北海道北見市留辺蘂町松山1番地4

営8:30～17:00、9:00～16:30（11月～3月） ※入館は閉館の20分前まで 休4月8日～4月14日、12月26日～1月1日 料大人670円、中学生440円、小学生300円 電JR留辺蘂駅から「道の駅おんねゆ温泉」行きバスで約20分、終点下車 車旭川市街から国道39号線で約2時間30分 Pあり

魔法の温泉水で育つ巨大魚

館内の見どころは多い。他の水族館では考えられない程に巨大で美しく育った天然のイトウが20尾も群れをなす湖の大水槽は世界一のイトウ展示を誇る。1m超の個体がゴロゴロいるから、釣りキチ三平でなくてもきっとわくわく、一見の価値がある。

熱帯淡水魚も巨大だがどの巨魚にも目立った傷がなく、スベスベと輝いて飼育魚とは思えないほど美しい。これら巨大魚の秘密は、温根湯の豊富な地下水と良質な温泉水による。なんとここは魔法の温泉水を持った水族館なのだ。

いただきますライブ

さらに、イトウの水槽とアマゾンの巨魚水槽では、生きたニジマスを与える「いただきますライブ」が高評価を得ている。この水族館では、私たちは魚や家畜など他の生き物の命を奪って生きているということを思い出してもらうための、北海道ならではの食育活動を、このいただきますライブをはじめとした様々なイベントや書籍によって展開しているのだ。

豪快な北海の自然に包まれる

水塊度	★★★★
ショー	★★★★★
海獣度	★★★★★
海水生物	★★★★★
淡水生物	★★★★

大きなコンブの揺らめく展示に北海道の海を感じる

Otaru Aquarium

おたる水族館

HP f

北海道小樽市

ここにだけに流れる時間

おたる水族館には、日本一豪快な水族館のイメージがある。荒れる日本海に臨む海岸を、そのまま水族館の一部として取り込んだエリアは「海獣公園」と名付けられている。そこに飼育されているトドのメスを目指して、野生のオスが堤防を越えて入ってきてしまったという逸話もあるほどだ。

ここでは巨大なトドたちが、岩の上からのダイブを見せ、無数とも思えるほどいるゴマフアザラシたちが、客からエサをもらおうと、それぞれ自分たちで考えたパフォーマンスをして見せる。このエリアでのショーは実におおらかな進行だ。とりわけペンギンのショーは、ペンギン時間で進み、気づけばペンギンを好きになっている。

さらにセイウチや、他では会えないアゴヒゲアザラシなどが飼育され、北海道といえどもなかなかやってこない北方の海獣たちの展示が多い。彼らはこの大らかな水族館にとてもなじんでいるようで、訪れる客みんなに愛想がいい。海獣好きには時間がどれほどあっても足りないことだろう。

自然の海岸地形を使ったトドの豪快なダイブ

秋サケの季節に行われる恒例のトドショー。サケは飲み物

アザラシショー。隣ではペンギンショーもある

セイウチは人気者。赤ちゃんもよく生まれている

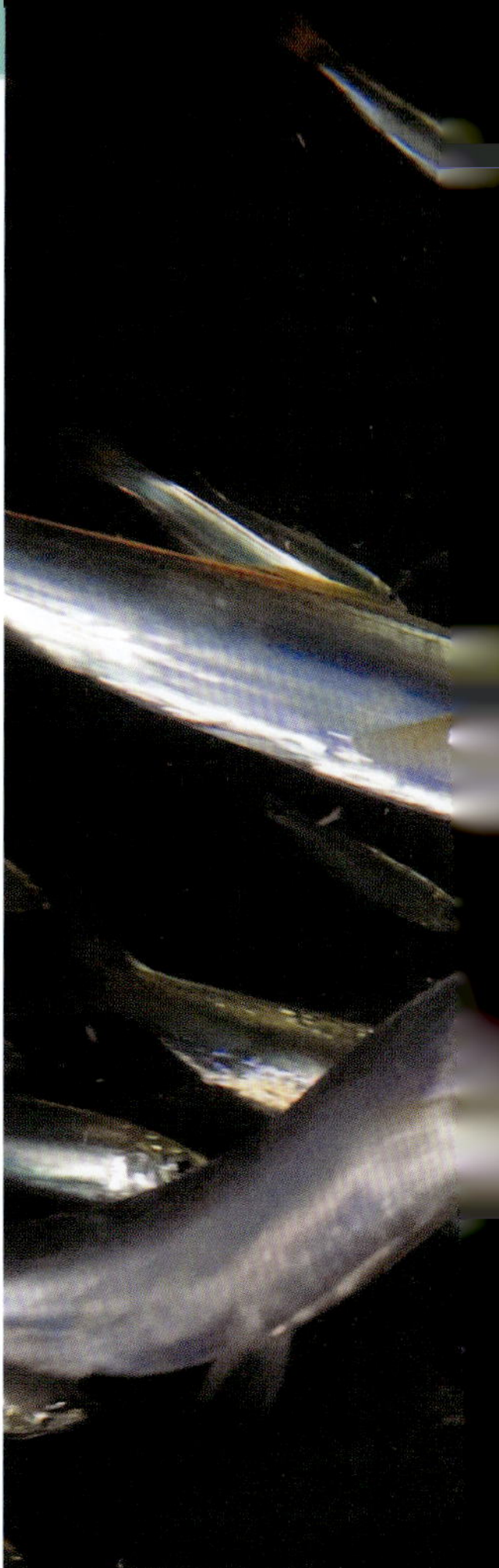
ニシンが群れて泳ぐ海の底を、タラバガニが闊歩する。これぞ北海道の海という光景を見ることができるのが嬉しい

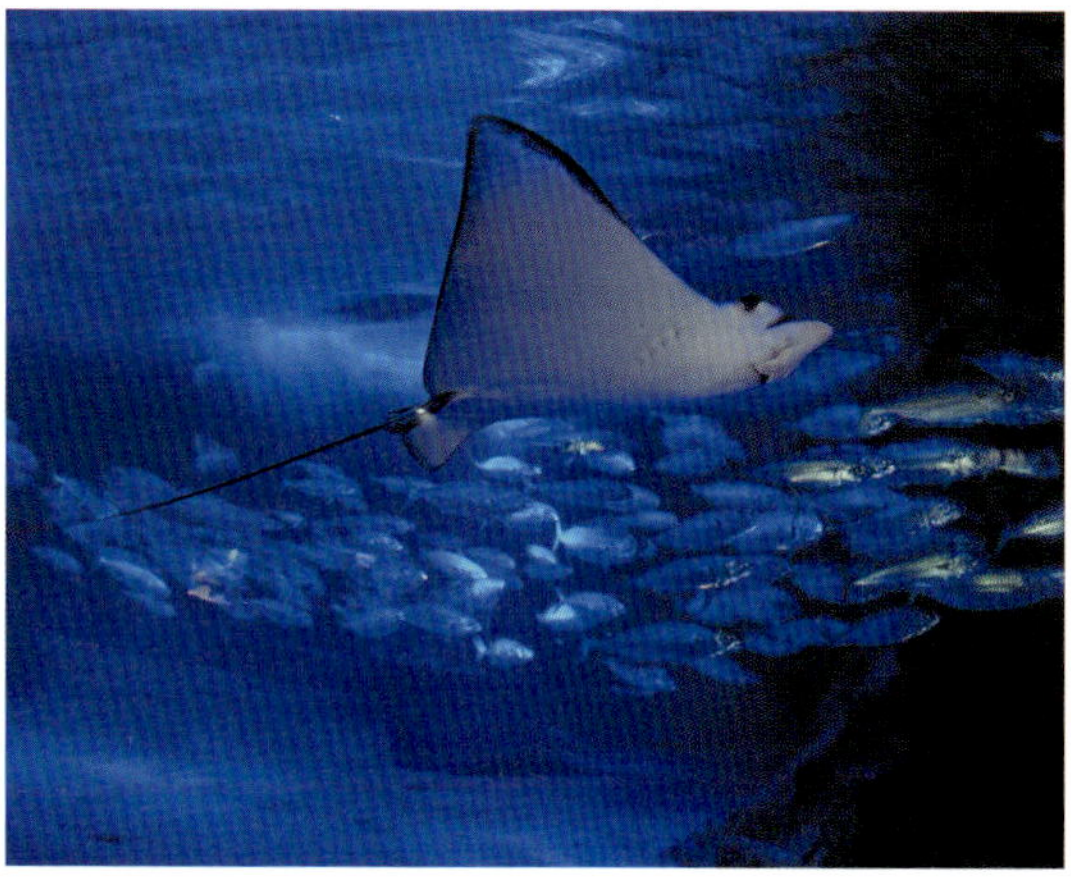
北海道にも対馬暖流が届くため、サバやエイ、サメなど暖流の大水槽がある。生物は全て地元で漁獲されたもの

エゾアイナメ。地元ではドンコと呼ばれ、肝の美味しさで人気

秘密基地のような面白さ

小樽水族館の魅力は、館内にもある。入ったとたんに、どこにいるのか分からなくなってしまう巨大迷路のような導線は、最果ての地の秘密基地のようで楽しい。暖流から寒流の海、さらに淡水魚の展示も豊富だ。それらの水槽は北海道一の水量があり、水塊度が高く見所の多い総合水族館だ。

とりわけ他ではまず会えないネズミイルカたちは必見。めまぐるしく泳ぎながら時折こちらに好奇心を向けてくる。

冬期営業の魅力

厳しい冬の北海道だが、小樽水族館は、ぜひ冬期の営業も訪れてほしい。北海道の自然と寒い地域の生物を楽しむのに最高の季節だからだ。

とりわけ人気なのが、遊び好きなジェンツーペンギンの雪上散歩だ。好奇心が旺盛で、突然走り出したり、観覧席へとコースアウトしたり。数あるペンギンパレードの中で、日本一自由奔放で面白く、野生生物の持つ自立した行動力が伝わってくる。

ネズミイルカは最小のイルカの一種。展示されるのは珍しく、複数いるのはここだけだ。ネズミは小さいの意味だが、顔の色が有名なマウスキャラに似ている

雪が降ると行われる、ジェンツーペンギンの自由すぎる散歩が大人気

Information

おたる水族館

☎0134-33-1400

北海道小樽市祝津3-303

営9:00～17:00（3月16日～10月15日）、9:00～16:00（10月16日～11月24日）、10:00～16:00（12月14日～2月24日）※2019年の場合　休2月25日～3月15日、11月25日～12月13日※2019年の場合　料大人1400円、小・中学生530円、幼児(3歳以上）210円　電JR小樽駅から「水族館」行きバスで約25分　車札樽自動車道小樽ICから約20分　Pあり

フンボルトペンギンの海への散歩。抱腹絶倒なショーもある

Sapporo Salmon Museum

豊平川さけ科学館

HP f

北海道札幌市

——サケマスの情報がいっぱい

水塊度	
ショー	
海獣度	
海水生物	
淡水生物	★★

遡上してきたシロザケを展示。婚姻色に色づいている

遡上時期には、サケの受精卵が展示される

ヌマチチブ。ハゼ界の暴れん坊と紹介されていた

無料でサケ博士になれる

札幌市内の真駒内公園にある小さな水族館。水質悪化で途絶えていたサケの回帰を復活させたプロジェクトから誕生し、市民の自然学習の場として親しまれている。市民以外でも料金は無料だ。

　サケの遡上期には、サケはもちろん、サケの採卵受精作業を見ることができる。筆者が訪れた時にはちょうど、孵化したばかりの稚魚と孵化直前の卵を観察できた。

　世界のサケの展示コーナーや、池の地下観察コーナーがあり、サケの仲間約20種を年中見ることができる。また、「さかな館」では、北海道のカエルやサンショウウオなど豊平川の生き物も幅広く展示されている。

Information

札幌市豊平川さけ科学館

☎011-582-7555

北海道札幌市南区真駒内公園2-1

営9:15～16:45　休月曜日（祝日の場合は開館し翌日休）、12月29日～1月3日　料無料　電地下鉄南北線真駒内駅からじょうてつバス南90・南96・南97・南98・環96系統で「真駒内競技場前」下車、徒歩約4分　車札幌市内中心部から国道230号線経由約25分　Pあり

札幌の都市型水族館

コンパクトながら多様な形の水槽が並ぶ。カラフルな魚が北海道民には喜ばれる

イワトビペンギン。この水族館のスター

水塊度	★
ショー	
海獣度	★
海水生物	★★★
淡水生物	★★★

Sunpiazza Aquarium

サンピアザ水族館

HP　北海道札幌市

北海の王様ミズダコ。大きくて刺身で食べられるので人気

北海の幸の生きている姿を

札幌の複合ビルの中にある都市型水族館。商業施設の真ん中にあるが、水族館に入ればそこはもう海の中だ。場所がら、札幌市周辺に住んでいる人たちの利用が考えられているので、総合的な水族館として、ペンギンなどの人気動物が中心になっている。

北海道は特に夏が短いため、もともと黒っぽい色の魚が多い。そのためか、観覧者にはサンゴ礁魚類や熱帯淡水魚など、暖かみのある水槽や、明るい色の生物が好まれるとのこと。しかしだからといって、北海道の生物がおろそかになっているわけではない。北の食を支えるホッケ、ニシン、タラバガニ、ホッカイエビ、そしてもちろんサケもいる。

札幌を訪れて、北海の美味しい食材たちを堪能した後は、ぜひ足を伸ばして、生きている彼らと対面し、その姿を観察してみてはいかがだろう。

デンキウナギの発電力で、大きな電球を光らせる展示が秀逸

ズワイガニ。北海道と言えばカニ。いただく前にしっかり観察を

Information

サンピアザ水族館

☎011-890-2455

北海道札幌市厚別区厚別中央2-5-7-5

営10:00～18:30、10:00～18:00（10月～3月）　休無休
料大人900円、子供（3歳以上中学生まで）400円、65歳以上720円　電地下鉄東西線新さっぽろ駅から徒歩約5分、またはJR新札幌駅から徒歩約3分　車道央道大谷地ICまたは札幌南ICから約10分　P新さっぽろアークシティ駐車場を利用

極上の水塊がある最新動物園

ホッキョクグマの母子が楽しそうに潜ってくる。巨体が浮くこの見事な浮遊感と、太陽光の射す明るい水中が動物園一の水塊になった

隣の水槽にはアザラシがいて観覧者と遊んでくれる

水塊度	★★★★★
ショー	
海獣度	★★★★
海水生物	
淡水生物	★★★

Maruyama Zoo

円山動物園

HP

北海道札幌市

ひと味違う両生類ハ虫類展示

北海道の動物園の水族館化が著しい。本改訂版で初登場となった円山動物園に水族館の匂いを初めて感じたのは、2011年に「は虫類・両生類館」がオープンした時だった。ワニを水中で観察できる水槽を複数備え、水生カメや水生イモリなどを含む両生類ハ虫類を、美しく配置された植栽水槽の数々で展示する手法は、それまでの動物園から一歩抜き出る展示だった。

飼育展示担当者がヨウスコウワニ水槽のアクリル窓を叩き、ワニの発情期の声を真似て、窓辺に誘い出してくれたのには驚いた。今までの動物園では考えられないことで、居合わせたお客さんと一緒に大興奮。水槽展示を含め、ここはひと味違う動物園だと感じた。

園内にはアロワナやカワウソの水槽のほか、ペンギン、アザラシ、さらにはカバを水中から見せる水槽もあり、水族館ファンとしても見どころは多い。また、近年、円山動物園は展示のリニューアルが続き、園全体で展示の魅力度が増している。

野生環境の北極ではアザラシが獲物だ。隣の水槽で展示されており、気になってちょっかいを仕掛けるが、アクリルに阻まれて、からかわれて終わる

遊び好きな子グマが母親を相手にふざけるのがほほえましい

ホッキョクグマの巨大な手。分厚い肉球の観察もできる

子アジアゾウが水中へ！

は虫類・両生類館はほぼ水族館

2019年に完成したゾウ舎。深いプールがあり、ゾウの泳ぐ姿を観察できる。円山動物園では、アジアゾウ4頭が飼育されている

Information

円山動物園

☎011-621-1426

北海道札幌市中央区宮ヶ丘3番地1

㊫9:30～16:30（3月1日～10月31日）、9:30～16:00（11月1日～2月末日） ㊡第2・第4水曜日、4月第2週の月～金と11月第2週の月～金 ㊮大人600円、小人（中学生以下）無料 電地下鉄東西線円山公園駅から徒歩約15分 車札樽自動車道新川ICから約25分 Ⓟあり

飼育担当者の誘い出しで、目の前の水中にやってきたヨウスコウワニ

動物園最高の水塊

円山動物園を水族館認定した決定的なきっかけはホッキョクグマ舎の完成だった。水中で豪快に戯れるホッキョクグマ親子（母娘）を、水中のトンネルから見上げる浮遊感は、今までの水族館にはなかった開放感あふれる新感覚水中感。隣の水槽で飼育されるアザラシをアクリル越しに狙おうとする姿や、時にはアクリルの向こうから飛びかかられるのも水中展示ならではの迫力だ。動物園で最高の水塊を見つけた。

そしてさらに、2019年にオープンしたゾウ舎には、アジアゾウが泳ぐのを観察できるプールが付いている。砂による濁りはあるものの遊び好きな子ゾウが水中に入ってくるのを観るのは楽しい。

ホッキョクグマもアジアゾウもいつ水中に入ってくれるかは、彼らの気分によるが、ここには熱心なファンの方々がいて、それらしい方を見つけて尋ねてみれば、近況を詳しく教えてくれる。これぞ大人の動物園の楽しみ方。水族館ファンにも、一度は味わって欲しい動物園活動だ。

水族館関係者の誰も考え出せなかったアザラシのチューブ水槽が大ヒット。浮遊感最高のこの展示は今や国内外の水族館動物園で真似されている

水族館よりも水族館らしい動物園

水塊度	★★★★
ショー	★★
海獣度	★★★★★
海水生物	★
淡水生物	

冬にはアザラシのプールに雪を入れて、流氷の雰囲気を出す。秀逸だ！

従来の展示方法では寝ていただけのアザラシが、全身を見せて泳ぐ

Asahiyama Zoo

旭山動物園

HP YouTube

北海道旭川市

動物園が水族館に！

水族館は動物園の動物を次々に水族館の動物にしてきた。アシカやペンギン、カワウソに、ハ虫類や鳥類、昆虫など。では動物園のほうはどうか？ もちろん動物園のほうでも、新たな境地、新たな時代を切り拓こうとする流れがある。その象徴的な施設が旭川市の旭山動物園だ。

　こちらでは、今までの動物園の発想にはない、さまざまな展示が試みられているのだが、中でも、すでに水族館の動物として定着した感のある、アザラシとペンギンの展示館を、水族館よりも水族館らしくしたことが大変な話題になり、全国から来園者が絶えない。

　観覧フロアの天井から床に突き抜けた透明のチューブ、そこにゴマフアザラシがひょっこりと入ってきて周囲を見渡す。そんな不思議で夢のような水槽を、テレビなどでご覧になった方も多いだろう。

　ほかにも、水中トンネルの周りを飛ぶように泳ぐペンギンの姿、ホッキョクグマが巨体を踊らせ、豪快にプールにダイブする迫力の

ペンギン水槽の水中トンネルには太陽光が射し込んで明るい。トンネルは水中を貫くように通っているため、床下の様子までも見える

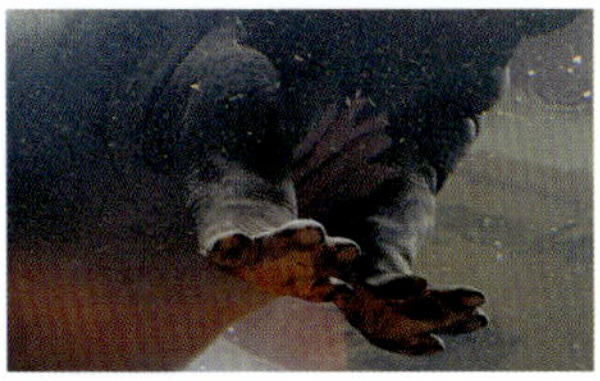

カバの足裏を水槽の下から見る

新たに完成したカバの水中遊泳で、再び人気がブレイク。水槽展示による水族館化が旭山動物園の原動力といって間違いない

ホッキョクグマも水中で見るのが一番見応えがある

Information

旭山動物園

☎0166-36-1104

北海道旭川市東旭川町倉沼

営9:30～17:15（4月27日～10月15日）、9:30～16:30（10月16日～11月3日）、10:30～15:30（11月11日～4月7日）　※2019年の場合　休4月8日～4月16日、11月4日～11月10日、12月30日～翌年1月1日　※2019年の場合　料大人820円、小人（中学生以下）無料　電JR旭川駅から旭川電気軌道バス「旭山動物園」行きで約40分　車道央自動車旭川北ICから約12km　Pあり

オウサマペンギンのパレード。北海道では年中実施できるが、雪の上だとまた格別

泳ぎなど、旭山動物園の新しい施設は、今までの動物園の常識を超え、さらには水族館としても最先端を行っている。

カバだって浮遊したい

なぜこんな展示ができたのか？

それはこの動物園が、動物園管理者の視点ではなく、動物の生活と観客の視点をとても大切にしているからだと思う。アザラシのチューブは珍しさを狙った設計ではなく、アザラシの習性をよく知り、それをどのように伝えれば観客が驚いてくれるかを考えぬいた結果だろう。動物のすごさを観客が実感できる、それは実に当たり前な動物園や水族館の姿ではないか。そうすることで今まで脇役でしかなかった生き物たちが、一躍主役になることだってあるのだ。

そしてまた新たに、カバが水中を浮遊するスゴイ展示が現れた。ノシノシというイメージしかなかったカバの巨体が水中を縦横無尽に駆け巡る光景で、見ているこちらのほうまで身も心も軽くなる。この浮遊感あふれた水塊は、きっと動物園の未来も軽やかに変えるだろう。

まるでおとぎの国の水族館

シロワニの鋭い歯がよく見える水中トンネル。もう一本トンネルがあって、北海道らしくチョウザメが泳いでいる

銀河水槽のイワシの群れパフォーマンス

ニクス城の内部は巨大な吹き抜けになっていて、上から下の大水槽を覗くことができる

水塊度	★★★
ショー	★★★
海獣度	★★★
海水生物	★★★★★
淡水生物	★★★★

イルカはショーの合間にも遊びに来る。ショープールは全天候型で冬でも快適

Noboribetsu Marine Park Nixe

登別マリンパークニクス

北海道登別市

HP YouTube f

ファンタジーで楽しむ

平成の時代には、さまざまな新しいタイプの水族館が誕生したが、その中でもユニークなテイストの走りだったのが、北海道の登別マリンパークニクスだ。施設の中心にド～ンとそびえ立つのは、お堀と橋まである大きな中世のお城「ニクス城」。なんとこのお城がまるごと水族館だった。

腰が引けつつ入ってみれば、これがかなり見せてくれる水族館なのである。展示だけでなく雰囲気を重視してあり、他の水族館よりも少し暗く、内装も凝った作りになっている。

まず、暖流寒流合わせて約100トンの大水槽の上を、むき出しのエスカレーターで4階まで一気に上がる。青く光る水槽の上を昇っていく雰囲気はなかなかいい。水中には、エイやサメの黒い影が動き、確かにファンタジックな気持ちになる。

アシカスタジアムの隣にオープンした「銀河水槽」で行われる、光と音によるイワシの群れパフォーマンスも見応えがある。躍動感あふれる新たなファンタジーだ。

ニクス城広場で王様のパレード。実は全員がオウサマペンギンなのだけど。北海道では亜南極ペンギンが年中冷房なしでも大丈夫

陸族館のオオサンショウウオ

生きている化石のオウムガイ。展示はバラエティに富んで飽きない

アザラシがプール水面より上を泳ぐことができる水槽。時々周囲の景色を眺めに回ってくる

Information

登別マリンパークニクス

☎0143-83-3800

北海道登別市登別東町1丁目22

営9:00～17:00　※入館は閉館の30分前まで　休4月8日～4月12日　※2019年の場合　料大人2500円、こども（4歳～小学生）1300円　電JR登別駅から徒歩約5分　車道央自動車登別東ICから約5分　Pあり

夏でもペンギンパレード

大型の水槽は300トンの寒流水槽と620トンの暖流水槽がある。地元北海道の海の魚の展示に力を入れるのは当然のこと、暖流系の生物の展示もしっかりしている。そしてそれらの水槽が、他の水族館では見られないような水槽演出で展示されているのが面白い。また、アートのようなアクアギャラリーも特徴だ。

さらに、ニクス城の両脇には、イルカショーとアシカショーを屋内で行える建物が設置されている。ペンギン館からは、オウサマペンギンたちが広場に散歩にやってくる。厳しい冬のある北海道の水族館にとって、屋内型のショー施設は必須だが、逆に冷涼な気候ゆえにオウサマペンギンのパレードは、夏でも可能だ。一年中いつでも見ることができるのは、ここの水族館ならではの魅力だろう。

そして見逃せないのが「陸族館」。両生類ハ虫類を展示するテラリウムだ。水中に身を潜めるミズオオトカゲやアナコンダをはじめ、世界のカメ、オオサンショウウオなどが観察できる。

サケのまちのサケの水族館

カラフトマスがセッパリと呼ばれる体つきになって生まれ故郷の川へと遡上してきた

隣接して標津川のウライがあり、サケ遡上と捕獲の様子を観察できる

シロザケが大量に遡上、さらに上流へとしきりにジャンプする

水塊度	★★
ショー	
海獣度	
海水生物	★★★
淡水生物	★★★★

季節によっては、受精卵や生まれたばかりの稚魚を見ることができる

Shibetsu Salmon Museum

標津サーモン科学館

HP f

北海道標津郡

北海道の海と川を満喫

道東でサケを見るなら、標津《しべつ》サーモン科学館を訪ねたい。サケ科を中心に、サケが棲む海や川の生物が展示されている。それもそのはず、標津漁協は、サケの水揚げ日本一を誇る漁協なのだ。市内を流れる標津川は、秋になれば大量のサケが遡上する。サーモン科学館は、その標津川河畔のサーモンパーク内にある。

観光ガイドにはあまり取り上げられていないのだが、大きく立派な水槽展示がされており、北海道の自然を十分に見せるおすすめの施設である。

さらに、水族館のすぐ隣には、標津川に設置されたサケ捕獲用の堰「ウライ」があり、秋には堰の上に架けられた橋や河原から、押し寄せて来る無数のサケたちを見ることができる。サケがいっぱいで絨毯のようになった光景を、今では北海道に在住していても知らない人がいるという。水族に興味を持っていなくても、北海道の自然と海の幸に興味があれば十分に楽しめるだろう。秋の訪問ならウライにもぜひ立ち寄ってほしい。

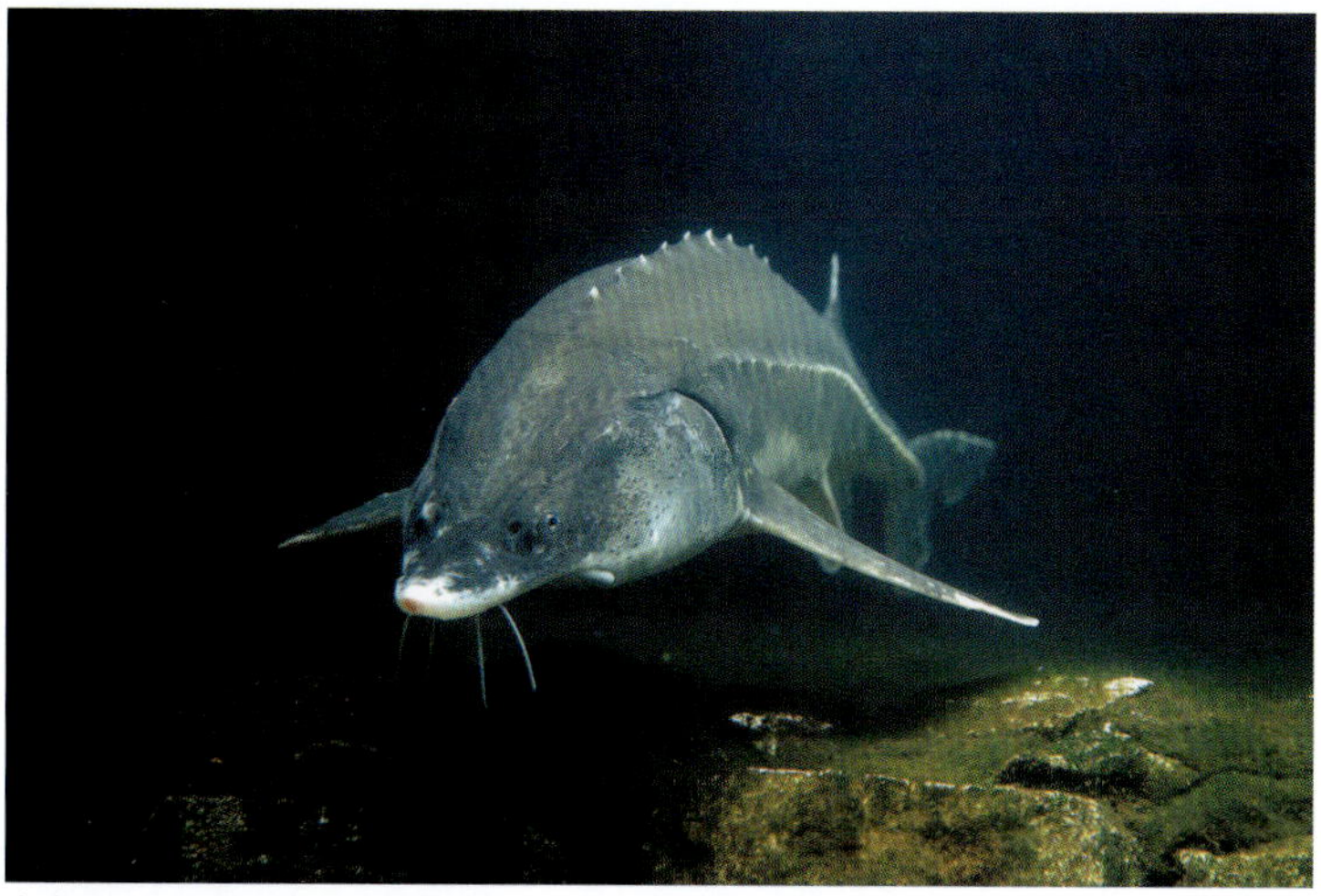

水中のチョウザメは海水水槽で会うことができる。なかなか格好良い

館長による、大チョウザメの腕ガブ

体験できる小チョウザメの指ガブ

川の広場ゾーン。たくさんの水槽があり、手前はチョウザメ水槽、奥にはヒグマの剥製が展示される。遡上するサケマスはヒグマの食べ物でもある

海水水槽のアメマス。エゾイワナの降海型。70cmくらいに成長

稚魚コーナーには北海道のサケマスの稚魚がいる。こちらはサクラマス。海に下るが、河川残留型はヤマメと呼ぶ

Information

標津サーモン科学館

☎0153-82-1141

北海道標津郡標津町北1条西6丁目1番1-1号

営9:30〜17:00　※入館は閉館の30分前まで　休12月〜1月は閉館。2・3・4・11月は水曜日休館　料大人610円、高校生400円、小・中学生200円、シルバー（70歳以上）500円　電JR根室本線釧路駅から「羅臼」行きバスで約2時間30分「標津バスターミナル」下車、徒歩約15分　車釧路から国道272号線で約2時間　Pあり

魚道を通る遡上のサケ

ここの水族館ならではの独特な展示が魚道水槽だ。標津川からの魚道が水族館の中まで引き込んであり、水槽を見る感覚で魚道を覗くことができる。秋になるとシロザケやカラフトマスの遡上を、11月には産卵行動も目の当たりにできるのだ（2月〜6月にかけては稚魚を放流）。

もちろんサケ科の仲間の展示は、日本一の種類数を誇るほどの充実度である。世界のサケを常時およそ30種、川の広場と名付けられた展示室で見ることができる。

海水の大水槽には、イトウやオヒョウ、チョウザメなど大型で格好の良い魚たちが数多く泳いでいるが、巨大魚ならば屋外プールがおすすめだ。大きく育ったチョウザメの巨体には痺れる。館長を見つけたら、腕ガブを見せてもらおう。巨大チョウザメの口に館長の腕がガブリと飲み込まれる驚きのパフォーマンスだ。そしてこの真似が、館内の小さなチョウザメでできる。買い餌を使って行う指ガブ体験だ。歯がないので痛くない。ぜひチャレンジしてみよう。

新しくできた支笏の水槽。支笏湖の柱状節理や枯れ木に加えて、水草の繁茂による緑と揺らぎが美しい

サケ遡上時期には水槽内で婚姻色のサケたちが抱卵放精をする

Chitose Aquarium

サケのふるさと 千歳水族館

HP LINE YouTube

北海道千歳市

命の大事業に感動

サケのふるさと 千歳水族館は、サケとマス、つまりサケ科の魚を中心にした水族館だ。サケの遡上時期になると、水族館の見どころが大きく変わる。チョウザメやイトウなど北海道の巨魚の泳ぐ大水槽よりも、隣の中水槽の遡上サケが注目を浴びるのだ。遡上でボロボロになった鼻曲がりのシロザケ、見事な婚姻型のセッパリ型になったカラフトマス。彼らの姿は、繁殖という生涯の大事業を終える死装束。自らの命と引き換えに新たな命を生み出そうとする意思が形になった姿で、見る者に感動を与える。

支笏湖《しこつこ》ゾーンでは、水質日本一を誇る支笏湖の神秘的な水中景観が現れる。際立つ水の青色に緑の水草がたなびき、そこにアメマスやヒメマスの群れが泳ぐ。光景に心が癒やされる展示だ。

千歳川水中観察窓。サケやウグイが遡上する

千歳川の観察窓

さて、千歳水族館には、全国の水族館でも珍しい水槽がある。正確には水槽ではなく「千歳川水中観察室」。つまり千歳川の水中を見るためのアクリル窓のついた部屋だ。自然の川を覗ける機会なんてめったにない。それができるだけでとてもワクワクする。

秋には川幅一杯に遡上するサケたちの姿が見られ、野生生物の力が感じられる。そして秋が深まれば、目の前で産卵行動も観察できるそうだ。秋のサケの遡上時期以外にも、夏にはサクラマスが遡上する。秋以外の訪問でも期待したい。季節になるとＨＰで情報を流しているから利用してみよう。

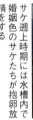

千歳川を上流から日本海まで再現している

サーモンゾーンの大水槽と中水槽。大水槽は淡水水槽としては北海道最大。サケマスの仲間を中心にチョウザメなどが泳ぐ

Information

サケのふるさと千歳水族館

☎0123-42-3001

北海道千歳市花園2丁目312

営9:00～17:00　休12月29日～1月1日、1月15日～1月31日　料大人800円、高校生500円、小・中学生300円　電JR千歳駅から徒歩約10分　車道央自動車道千歳ICから約5km　Pあり

大水槽のシロチョウザメ

水槽にあるインデアン水車の模型

メイン水槽にはチョウザメの仲間が何種類も混泳している

Bifuka Chouzame Aquarium

美深チョウザメ館

HP　北海道中川郡

―― チョウザメ養殖の水族館

水塊度	
ショー	
海獣度	
海水生物	
淡水生物	★★

チョウザメ以外の北海道の淡水魚類の展示もある

水族館に併設された養殖研究用のプール。成長の過程が見られる

北海道にはチョウザメがいた

北海道美深町の自然体験型の森林公園「びふかアイランド」の中にある。名前の通り、チョウザメにこだわった水族館。日本にチョウザメなんて？　と思う方が多いだろうが、美深町を流れる天塩川には、明治頃までチョウザメが遡上して卵を生んでいた。北海道には今でも稀に遡上しているのだ。

そこで美深では、チョウザメの養殖を行っている。町内ではキャビアはもちろんチョウザメの身もいただける。展示も、さまざまなチョウザメの水槽の他、稚魚から成魚までの水槽が並んだ養殖研究所的な部屋があって面白い。

Information

美深チョウザメ館

☎01656-2-2595

北海道中川郡美深町字紋穂内139

営9:00～17:00　休月曜日　料無料　電JR美深駅から名士バス恩根内線で約20分「美深温泉前」下車すぐ　車道央自動車道士別剣淵ICから約50km　Pあり

漁業のまちのアートな水族館

シンボル的な円柱水槽は入館しなくても楽しめる上に、最大の水槽で生物も最も見応えがある

潜水掃除の様子だけでもちょっとしたイベント的人気

水塊度	★★
ショー	
海獣度	
海水生物	★★
淡水生物	

KUSHIRO AQUARIUM PUKU-PUKU

くしろ水族館ぷくぷく

HP f

北海道釧路郡

北海道の魚はしっかり押さえられている。こちらはエゾアイナメ

巨大円柱水槽が目をひく

北海道の水産会社が運営する水産物の複合施設「釧之助」の内部に設置された水族館。当然、客寄せ水族館で、話題作り水族館でもあるのだが、地元の家族連れが楽しむには使い勝手がちょうどいいくらいの展示内容と規模である。

施設のエントランスに、吹き抜けの2階までドーンとそびえる円柱水槽は、サメやナポレオンフィッシュがいて一番見応えがあり、しかも入館しなくても楽しめる。

館内は奇抜な変形水槽が多用されて、水族館というよりもアートアクアリウム的。展示生物もサンゴ礁の魚やフウセンウオ、クラゲ、金魚などによる癒やし系を狙っていると思われる。

水産複合施設なので、美味しく豊かな北海の幸を育む水中世界や命の美しさを出せると、観光客も立ち寄るようになるだろう。

タッチングプールは水槽アート。ヒトデなど海の生物が触れるが、目の前の展示生物はなんと金魚

生物展示よりも変形水槽を展示してあるイメージ

Information

くしろ水族館ぷくぷく

☎0154-64-5000

北海道釧路郡釧路町光和4丁目11

営9:00～18:00　休年末年始　料大人800円、小学生400円、幼児（3歳以上）200円　電JR釧路駅からイオン釧路線で約20分「イオン釧路店」下車、徒歩約5分　車釧路駅から約4km　Pあり

日本最北端の水族館

寒流型の魚ばかりがいるドーナツ水槽。イトウとオオカミウオが泳ぎ回る姿は珍しい

フウセンウオの飼育はこの水族館で研究された

水塊度	★★
ショー	★
海獣度	★★
海水生物	★★★
淡水生物	★★★

NOSHAPPU AQUARIUM

ノシャップ寒流水族館

HP 北海道稚内市

オオカミウオの迫力顔。じっと見つめてくるのが面白い

フウセンウオが大人気

日本最北端のまち稚内市ノシャップ岬の突端にある日本最北端の水族館。心ひかれる寒流水族館の名前の通り、北方系の水生生物にあふれている。また元気なアザラシたちの姿には、北海で生きる命の逞しさを感じる。

ここは全国の水族館で大人気となっているフウセンウオの展示を開発した水族館でもある。フウセンウオもクリオネも本場の地元ならではだ。

ドーナツ水槽には、見慣れない寒流系の魚たちばかり。ひときわ目に付くのが銀色に輝くイトウの巨体だ。ホッケやクロソイに体当たりしながら黒くくねるオオカミウオも新鮮だ。

冬期休館の間に短い開館期間があり、ゴマフアザラシの水槽に氷が張り、周りには降り積もった雪、流氷の海のままの景観が水族館内に現れる。春には白い赤ちゃんの姿も。寒流水族館の醍醐味だ。

アザラシたちがエサを取り合う大ジャンプは力強くて素早く、今までのイメージを覆す。冬には凍って、まるで流氷のようになることも

春先にはここで、白い毛の赤ちゃんが生まれる

Information

ノシャップ寒流水族館

☎0162-23-6278

北海道稚内市ノシャップ2丁目2番17号

営9:00～17:00（4月27日～10月31日）、10:00～16:00（11月1日～11月30日、2月1日～3月31日） 休4月1日～4月26日、12月1日～翌年1月25日 料大人500円、小・中学生100円 電JR稚内駅から宗谷バス「ノシャップ」行きで終点下車、徒歩約5分 車稚内駅から約5km Pあり

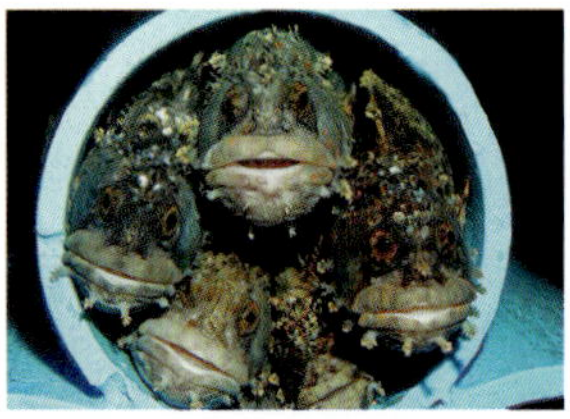

フサギンポが束になっているのを初めて見た。ピグモン顔が可愛い

室蘭市民のいこいの水族館

近頃はクラゲの展示にも凝っている。こちらはアカクラゲ

MURORAN CITY AQUARIUM

市立室蘭水族館

HP f

北海道室蘭市

小さな水族館だが、ペンギンとアザラシやトドもいる

水塊度	
ショー	★
海獣度	★★
海水生物	★★★
淡水生物	★★

ニシンの群れの銀色がとてもきれい。迫力の様子を目に焼き付けておこう

この水族館イチオシは怪魚アブラボウズ。これだけを目当てに出かける水族館通もいる

アブラボウズのいる水族館

室蘭水族館は、室蘭市民のための憩いの水族館で、フンボルトペンギンの行進が人気だ。規模は小さいながらも、北海道らしくアザラシの展示やトドのショーがある。また、ゴマフアザラシとゼニガタアザラシで日本初の繁殖に成功している。

しかし、それよりもなによりもアブラボウズである。名前だけ聞けば、脂ぎった坊主のようで印象が悪いが、実は珍しい魚。成長すれば2mにもなり、大物は深海500mより深いところで釣れるという。

アブラボウズは比較的浅いところにいる若い個体から育てなくては飼育できないため、ほかの水族館ではほとんど飼育されていない。巨大に成長した個体が複数見られるのはここだけだ。このほかにも、オオカミウオやフサギンポなど、北海道の生物の展示が充実している。

Information

市立室蘭水族館

☎0143-27-1638

北海道室蘭市祝津町3-3-12

営9:30～16:30　※GW、夏季延長営業あり　※入館は閉館の30分前まで　休冬期休館（10月中旬～4月下旬）　料大人400円、高校生200円、1歳～中学生100円（市外）　電JR室蘭駅からバスで約20分「白鳥大橋記念館」下車　車道央道室蘭ICから道道127号線、国道37号線白鳥大橋経由で約10分　Pあり

流氷が育む豊かなオホーツク海

氷塊度	★
ショー	★
海獣度	★★
海水生物	★★
淡水生物	

海中展望塔の内部が水族館になっている。寒々とした照明で流氷下のイメージ

流氷と言えばクリオネ。もちろんたくさんいて中には新種もいた

Ohotsk Tower

氷海展望塔オホーツクタワー／とっかりセンター

HP YouTube f Twitter

北海道紋別市

流氷到来時に訪れたい

紋別港からオホーツクの海に約1km突き出したダムのように巨大な防波堤。その先の海に、海中展望台オホーツクタワーがそびえていた。海が流氷におおわれるときには、流氷の下を展望できる。展望台の内部は水族館となり、流氷のもたらす栄養が育む北海の生物たちが展示されている。流氷下をイメージした青い照明が幻想的な水族館だ。

紋別港側には、アザラシの保護を目的としたオホーツクとっかりセンターを併設、海獣好きにはこちらの方が有名だ。20頭を超えるトッカリ（アザラシのこと）が飼育され、プールで泳ぐ姿を観察するのに加え、目の前に出てきてくれる「えさの時間」が楽しい。

尚ここからは流氷砕氷船ガリンコ号Ⅱが出ていて、流氷が訪れる冬を狙うのがおすすめだ。

生物はもちろん北海の魚たち。クロソイが美味しそう

トッカリセンターにはアザラシの大水槽があり、ふれあい体験も

紋別の特産ホタテガイとカジカ。こちらも美味しそう！

Information

氷海展望塔オホーツクタワー／とっかりセンター

☎0158-24-8000

北海道紋別市海洋公園1

営10:00～17:00　※夏季延長営業あり　休年末年始　料大人800円、小人（小学生）400円　※とっかりセンターは別料金（アザラシランド：大人200円、小人100円／アザラシシーパラダイス：大人500円、小人300円）　電JR石北本線遠軽駅から「紋別バスターミナル」行きバスで約70分「オホーツクタワー入口」下車、徒歩約15分　車旭川紋別自動車道遠軽瀬戸瀬ICから約55km　Pあり

aquarium best 10

1 162p **アドベンチャーワールド**
規模、スピード、ストーリー性、どれを取っても飛び抜けており、最高！

2 110p **名古屋港水族館**
日本最大のプールでイルカの飛距離は本物の海並み。シャチも登場する

3 40p **鴨川シーワールド**
シャチのショーは大迫力で感動。シロイルカの水中ショーはここが日本初

4 138p **伊勢シーパラダイス**
元祖かつ究極の柵無しふれあいショーは泣く子が続出するド迫力だ

5 18p **アクアパーク品川**
円形スタジアムのプールにシャワーや光が交錯しイルカが演技

6 30p **八景島シーパラダイス**
巨大スタジアムのヒレアシ鯨類ショー。ふれあい専用の施設もある

7 116p **南知多ビーチランド**
イルカからヒレアシ類までショーがいくつもある。客席にアシカがやって来る

8 158p **城崎マリンワールド**
大がかりな仕掛けと、トレーナーと一体になったショーは日本海側随一

9 172p **しものせき水族館 海響館**
イルカとアシカとの共同の高度なショーに、スナメリのバブルリングもある

10 212p **うみたまご**
伊勢シーのふれあい方式をいち早く取り入れ、全国的に有名にしたのはここ

Column 02

全国の水族館ベスト10

National aquarium best 10

海獣パフォーマンスがすごい

イルカの仲間やアシカなどヒレアシ類の仲間のショーは、古くから水族館の人気イベントだった。

とりわけイルカショーは、その知性の高さとともに華やかなジャンプが人々の目を奪ってきた。そのためジャンプの高さや難易度を競う傾向があった。古くはイルカの火の輪くぐり芸などが行われていたことさえある。

近年は「イルカの芸」というような見られ方を嫌い、その身体能力を展示するという名目とし、ショーをパフォーマンスと言い換える水族館も多い。本書では水族館の主張や文脈に合わせて、ショーとパフォーマンスを使い分けているが、パフォーマンスを見せるショーなのだから、言葉を換えることにはあまり意味はない。

それよりも注目すべきは、観覧者がイルカの何に最も心を動かされるか？　というポイントだ。それは何かを伝えるという展示において最も重要なことだろう。

近頃、観覧者に感動を与えるポイントは、トレーナーとイルカあるいはイルカ同士のコミュニケーション能力であり、それによって実現する息の合った行動だ。観覧者は、力強く華やかなジャンプ以上に、自分たちと同じか、あるいはそれ以上とも思えるイルカのコミュニケーション能力、しかも人とイルカという異種間でのコミュニケーションに強く感動する。

アドベンチャーワールドで演じられる息の合ったストーリーには、思わず目頭が熱くなった。また、鴨川シーワールドの巨大なシャチとトレーナーのショーは多くの人の心を動かす。

一方、別のアプローチから感動を起こしたショーが生まれた。伊勢シーパラダイスが発明した、柵無しふれあいショーだ。観覧者のいるギャラリーに、セイウチやトド、アザラシが出てきて吠える！　触れられる！　挙げ句にはセイウチにお尻をバンッと叩かれる！　毎回チビッコが何人か泣き出すほどの迫力だ。

実はヒレアシの仲間たちは、他種の生物と争うことがなく、野生の群れに人が訪れても逃げたり襲ってきたりしない。そのヒレアシ類とフィールドで出会う感動を展示したのがこの柵無しショーだ。観覧者の評判が高く、今では各地の水族館で模倣されている。

東北

青森県、岩手県、宮城県
秋田県、山形県、福島県

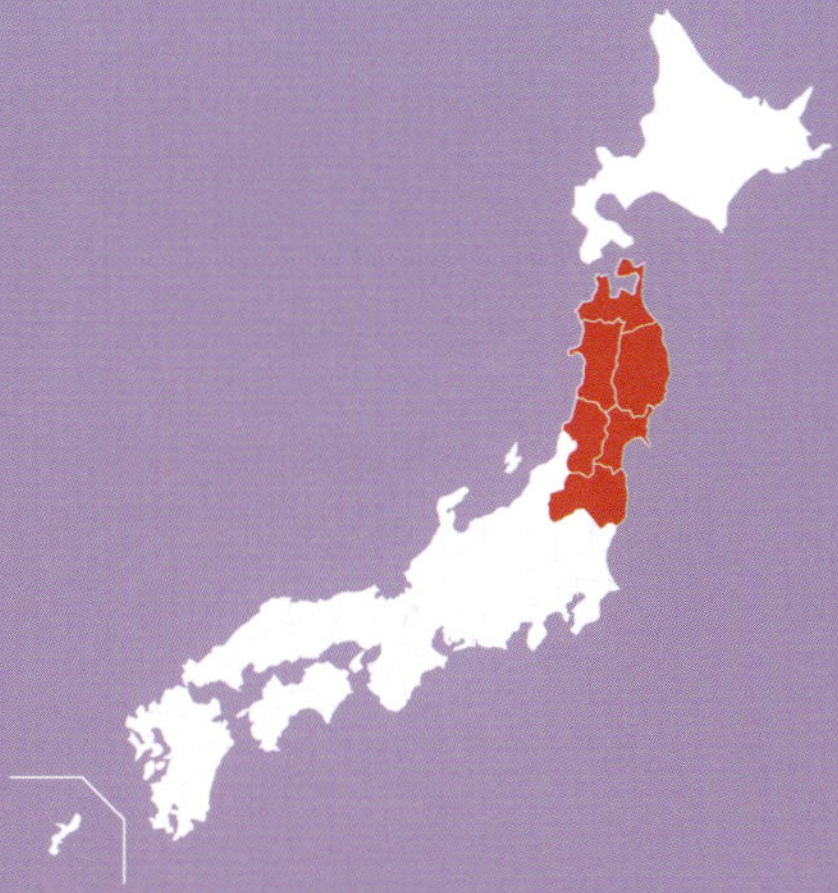

鶴岡市立加茂水族館

太陽と闇、命と人が交差する上質空間

キサンゴ類の谷にキンメモドキの大群が渦巻く、躍動の水塊

海中の谷と魚群に陽光が射す瞬間。幻想的で美しく、目を奪われる

Aquamarine Fukushima

アクアマリンふくしま

HP f 🐦 福島県いわき市

キンメモドキの群れ下にはチンアナゴの群生。リアルだ

水塊度	★★★★★
ショー	
海獣度	★★★
海水生物	★★★★★
淡水生物	★★★★★

日本人の世界観を明確に展示

アクアマリンふくしまは、環境に関する深い展示理念を、その展示に反映させているという点において、最も上質な水族館の一つである。とりわけ自然と日本人との関係性についての世界観を、明確に世界に示そうとする姿勢は日本一だ。

自然への感謝と畏怖という世界観こそが、日本文化の基盤だと信じる筆者は、これぞ日本の水族館のあるべき方向性を最大限に実現している水族館であると敬服している。

その姿勢は、カワウソの住む縄文の森を広く展示した「わくわく里山・縄文の里」や、海の命をいただく体験学習施設「アクアマリンえっぐ」に強く表れているが、特に象徴的なのが、水槽前にあるなんと「寿司処」だ。福島の海で獲れる魚介類による本格的なにぎり寿司を、キラキラと泳ぐ魚たちを目にしながら食べることができる。命をいただくことを意識し、自然環境と人との関係性を理解できる。これこそ五感に訴えた展示ではないか。

北の海のゾーンの超大物、クラカケアザラシはここだけでしか見られない。白黒模様は貴重

東南アジアの川の展示。霧が立ちこめ熱帯雨林を感じる

生きている化石、珍しいギンザメの仲間が展示されている

ふくしまの川と沿岸ゾーン。福島県の川を上流から下り海に出るという趣向になっている

北の海のゾーンの、海鳥エトピリカとウミガラス展示

潮目の海を水槽で再現

寿司処があるのは「潮目の海」の水槽前だ。そもそもアクアマリンふくしまのテーマは「潮目の海」である。潮目とは暖流と寒流のぶつかりあう現象のことだ。これは巨大な現象だから、日本近海のほとんどの場所で潮目はあるのだが、それを展示意図にした目の付け所が良い。

その展示のハイライトは、潮目を見せる水槽だ。三角形のアクリルトンネルを挟んで、右が黒潮水槽、左が親潮水槽。黒潮の海の方は、銀色に輝くカツオやマイワシの群れなどが泳ぐ。親潮の海の方は、垂れ下がるホヤの養殖の様子がリアルで、三陸の海を再現しており、ピカイチの出来だ。

潮目を感じるもう一つの特別な展示がサンマの群遊だ。サンマは太平洋岸の沖縄から北海道までの日本沿岸を回遊する。その回遊には、黒潮と親潮の潮目の影響が大きく、水族館のある小名浜港は、日本でも有数のサンマ水揚げ量を誇る。ここでは、完全養殖に成功することによって、周年展示を実現しているのだ。

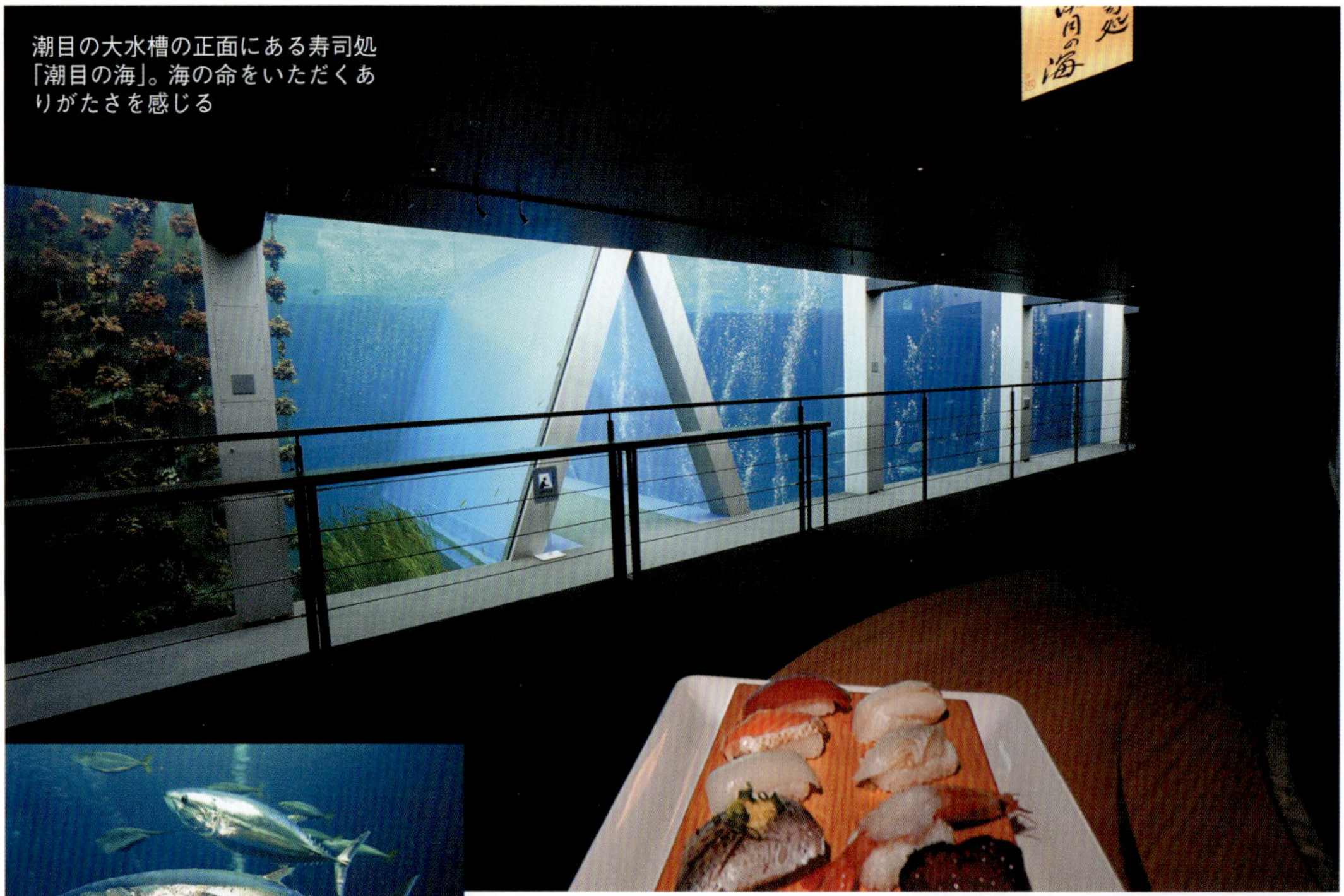

潮目の大水槽の正面にある寿司処「潮目の海」。海の命をいただくありがたさを感じる

潮目の海の黒潮にはカツオが美しく光り群遊する

タマコンニャクウオ、レア度最高レベルの寒流生物

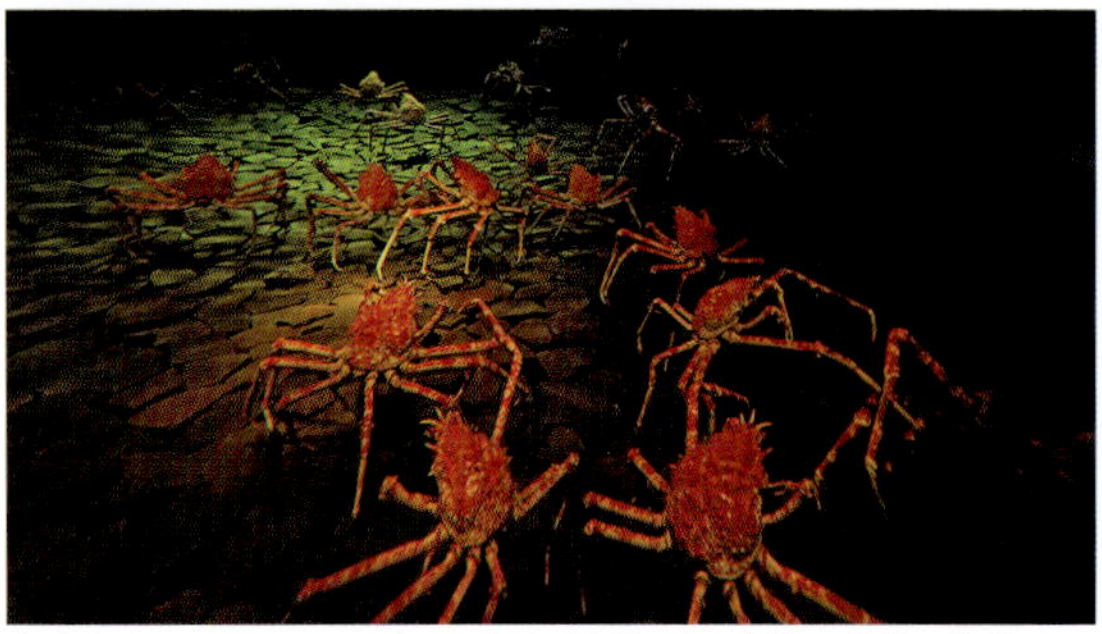

海底を埋めるタカアシガニ。寒流系深海系の生物は非常に豊富だ

ナメダンゴ。レア度の高い寒流生物だ

光と闇が交差する館内

さて、潮目をつくる黒潮と親潮、それぞれの水槽には豊富な種類の生物が展示され、紹介も丁寧だ。最上階から始まるのは、実物の植栽が中心の福島県の川から沿岸の環境。さらに黒潮の栄養をつくる東南アジアの水辺などがうまく再現されている。

これらの展示を活き活きとリアルにさせているのが、水族館を包み込む大きなトップライトだ。明るい外光が降り注ぐ下で、植物は緑に輝き、水中はキラキラときらめく。潮目の水槽やサンゴ礁の水槽など深い水槽にも、太陽の光が水中に満たされている。

逆に光の届かない場所は思い切った暗さにして、親潮や深海系の生物を展示している。その変化の先で奇妙で美しい深海生物が無数に現れるのだから、再び新たな好奇心が湧き上がってくるというわけだ。

優れた水族館に必要な明確で深みのある展示理念に加え、魅せる展示意図、好奇心を満足させる展示技術もしっかり備えている水族館。日本人なら一度は訪れたい。

新しい展示ふくしまの海ゾーンには、サンマやギンカガミ（右）、最も美しいサメとされるヨシキリザメ（上）など、他では見られない魚類を展示

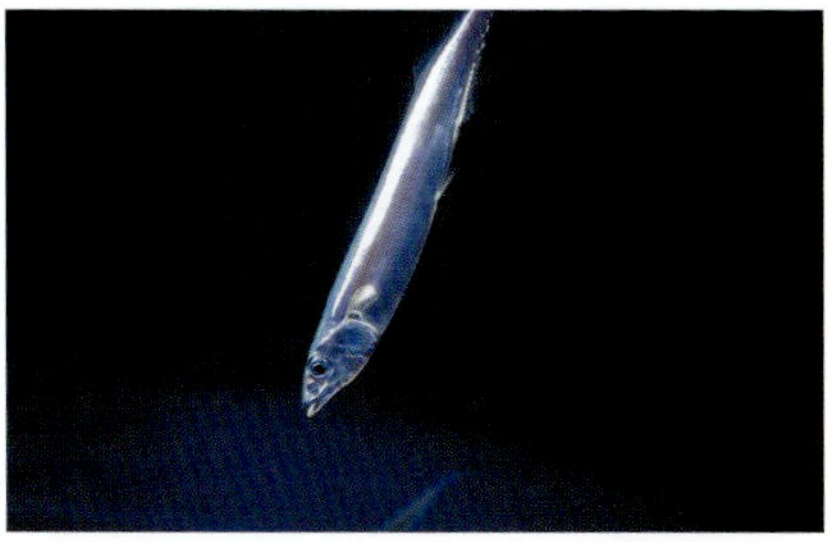

銀色に輝くサンマ。泳ぐ姿を見られるのは珍しい

東北

屋外の縄文の里にあるカワウソのふち水槽。絶滅したニホンカワウソに近いユーラシアカワウソの家族を展示

泳ぎの上手なカワウソ。動きがすばやく見ていて飽きない

Information

アクアマリンふくしま

☎0246-73-2525

福島県いわき市小名浜字辰巳町50

営9:00～17:30（3月21日～11月30日）、9:00～17:00（12月1日～3月20日） ※入館は閉館の1時間前まで 休無休 料大人1800円、小・中・高校生900円 電JR常磐線泉駅から小名浜・江名方面行きバスで約15分「イオンモールいわき小名浜」下車、徒歩約5分 車常磐自動車道いわき湯本ICから約20分 Pあり

「男鹿の海」の大水槽とホッキョクグマの豪太に癒やされる！

水塊度	★★★★★
ショー	★★
海獣度	★★★★
海水生物	★★★★
淡水生物	★★★★★

青い光が効果的な男鹿の海大水槽は、2階まで吹き抜けの構造。東北でも最も深さを感じる水塊度の高い水槽だ

秋田の川。この水槽で生まれたヤマメが海に行ってサクラマスになって戻ってきた

Oga Aquarium GAO

男鹿水族館 GAO

HP f 秋田県男鹿市

なまはげがGAO！

GAO＝ガオ、男鹿の逆さま言葉だが、ちゃんと意味がある。Global（地球）、Aqua（水）、Ocean（大海）の頭文字であり、そして「なまはげ」が叫ぶイメージにも通じるのだとか。

展示はオーソドックスな総合水族館だが、男鹿の海、秋田の自然に関わる展示を正面に打ち出すことで、地元秋田県民の誇りと、県外訪問者の興味のいずれも満足させてくれる。その象徴ともいえるのが、水中に断崖絶壁がそそり立つ「男鹿の海大水槽」だ。対馬暖流は津軽海峡を抜けて太平洋に達するため、秋田ではマダイやシマアジなどの漁獲が多く、この水槽にもアオウミガメを含む暖流系の魚が多い。

しかし日本海はその直ぐ下に冷たい深海部が拡がっている。海の展示にはミズダコをはじめとして冷水系の魚やエビが多い。

GAOの象徴的な展示といえば、深海魚のハタハタだ。秋田といえばハタハタとその卵ブリコ。男鹿では稚魚の放流もしている。そして秋田名物の魚醤しょっつる

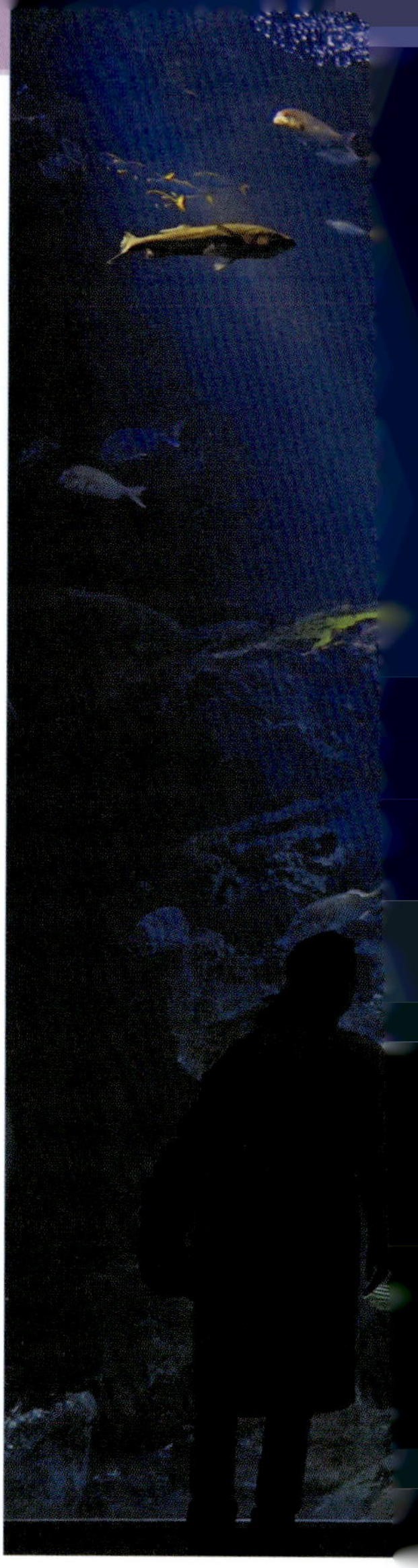

ひれあし's館のアシカショーは客席までアシカがやってくる。「ひれ」をしっかり見てみよう

ひれあし's館はアザラシとアシカが主役。アザラシの水槽が深くて見応えあり

男鹿水族館はホッキョクグマの飼育場が2カ所もあって広い。シロクマの豪太と言えば今や秋田県民の誰もが知っているスター

本格的しょっつるは、ハタハタと塩だけでつくられる。ハタハタの展示は日本一

Information

男鹿水族館 GAO

☎0185-32-2221

秋田県男鹿市戸賀塩浜

営9:00～17:00　※季節によって異なる　※入館は閉館の30分前まで　休無休（冬期メンテナンス休館あり）　料大人1100円、小・中学生400円　電JR男鹿線男鹿駅からなまはげシャトルで約60分　車秋田道昭和男鹿半島ICから国道101号線～なまはげラインで約1時間　Pあり

遊び好きで活発なジェンツーペンギンがいるので楽しい。毎年繁殖もしている

は、ハタハタで作られる。という訳で、しょっつるの醸造樽も水槽と同じように展示されている。

シロクマ豪太がGAO!

さて、この水族館のスターは、ホッキョクグマの豪太だ。豪太は成長してもわりとよく動き、不思議な遊びを編み出す。子どもの頃に遊びで生きる知恵を学ぶ習性に着目して、遊び道具を次々に入れ替えたのが今も続いているのだ。おかげで、プールに飛び込んだりおもちゃを破壊したり、動物ショーよりも驚きと爆笑の連続だ。いつまで見ていても見飽きないほどで、なるほど人気者なのがよくわかる。

ホッキョクグマの迫力に対して、優しく心ひかれるのがヒレアシ類たちだ。深い水槽をふわふわと浮き沈みするゴマフアザラシは、優しい目で時折こちらを見てくれる。アシカは客席にまで入り込んで来て驚かせてくれる。

またGAOでは、ジェンツーとイワトビの2種類のペンギンを飼育をしており、毎年繁殖に成功している。春に誕生するヒナもまたかわいいので必見だ。

世界一の
クラゲ水族館に大進化

水塊度	★★★★
ショー	★★
海獣度	★★
海水生物	★★★★★
淡水生物	★★

クラゲ一種類と照明一本だけでつくられた超水塊感。浮遊感のなせる技だ

ミノクラゲ。タイで採集してきたのだそうだ

Kamo Aquarium

鶴岡市立加茂水族館

HP f

山形県鶴岡市

浮遊感による水塊で世界一

近年、静かに漂うクラゲが人気だ。そのブームの最大の立役者にして、クラゲの魅力の恩恵をもっとも享受しているのが、加茂水族館だ。旧館から最新型の水族館へと変貌した新館をクラゲドリーム館と呼んでいる。そこからは、かつて闇の中にあった加茂水族館に、未来への夢を見せてくれたクラゲへの感謝がうかがえる。

現在の加茂水族館は、クラゲの飼育種類数と個体数で世界一となっている。その実力は世界中から飼育や増殖の技術と、水槽の開発技術を学びにやって来るほどで、当然ながらクラゲの展示に関しては、他の水族館の追随を許さない充実ぶりである。

さらに、他の水族館がクラゲを多種多様な美しさや浮遊感で売り出しているのに対して、ここはクラゲそのものの圧倒的なビジュアルで他を寄せ付けない展示を実現している。それが直径5mの世界最深クラゲ水槽「クラゲドリームシアター」だ。足下から頭上高くまで、2千個体ものミズクラゲが静かに浮遊する水塊は、見る人の

観覧者にクラゲの解説や話をするためのラボがある。地味なクラゲなのに意外にも人気なのだ

アマガサクラゲ。深海に生息する

こちらは南大西洋のアカクラゲの仲間

日本では初展示のパルモ

ひれあし広場では、アシカとアザラシのショーがある

迷って流れ着いたキタゾウアザラシ。日本唯一の展示になった

対馬暖流に流されて山形県までやってきたアカウミガメ

日本海の冷たい海底部を色鮮やかに再現している

ほとんどの展示生物は釣り採集。アカカマスが大漁だった

Information

鶴岡市立加茂水族館

☎0235-33-3036

山形県鶴岡市今泉字大久保657-1

営9:00〜17:00　※夏季延長営業あり　※入館は閉館の30分前まで　休無休　料大人1000円、小・中学生500円　電JR鶴岡駅から湯野浜温泉方面行きバスで約30〜35分「加茂水族館」下車すぐ　車山形自動車道鶴岡ICから約15分　Pあり

心を掴んで離さず、宇宙から見た地球はかくあるのかも……とまで想像させる。水塊の一大要素である浮遊感において、世界一の水槽だと確信する。

地元の海へのこだわり

この水族館の展示のポリシーはローカル色を前面に出すことだ。展示生物は、一部のクラゲ以外はほぼ全てが山形の海や川の生物である。スタッフが釣ってきた生物も少なくない。そして、館内のレストランでもそのポリシーは発揮され、地元の美味しい食材で美味しい料理を食べさせることにこだわっている。もちろん、クラゲ水族館を全国的に有名にしたクラゲ料理も食べられる。

近年このこだわりが大きな幸運をすくい取った。日本には定住していないキタゾウアザラシが近くの海岸に流れ着き、水族館で保護・介護のかいあって元気に展示デビューしたのだ。地元を愛した加茂水族館へ海の神さまからのプレゼントだったに違いない。

アザラシプールでは、現在キタゾウアザラシとゴマフアザラシの2種が飼育されている。

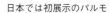

三陸のリアス式海岸を思い浮かべる岩壁のある海。マイワシの群れを中心に黒潮の魚たちが泳ぐ

水塊度	★★★★
ショー	★★★★
海獣度	★★★
海水生物	★★★★★
淡水生物	★★★★

マボヤの養殖いかだの下をくぐり抜けて館内へ向かう

マリンピア松島が仙台によみがえる

SENDAI UMINO-MORI AQUARIUM

仙台うみの杜水族館

HP LINE f 🐦 📷 宮城県仙台市

マリンピア松島の面影

仙台市民に長く親しまれていたマリンピア松島水族館が2015年に閉館。その多彩な展示動物や有能な飼育スタッフを利用して仙台に誕生したのが、うみの杜水族館だ。かつてのマリンピア松島水族館時代からのファンの人々が、今も生き物やスタッフに会いにこの水族館を訪れる。それほどにマリンピア松島水族館は仙台市民、さらには宮城県民や東北の人々に広く愛されていた。

なかでも、世界最小級のイルカであるマゼラン海峡のイロワケイルカは世界的にも展示が珍しい。日本で初めての繁殖はマリンピア時代に成功したが、新しい環境になっても、機敏な動きと好奇心の高さは変わらず、今では水中でのパフォーマンスも行っている。

イロワケイルカと共にマリンピアのシンボルだった7種類のペンギンたち、そして先代が松島町の名誉町民にもなったマンボウ、水族館では珍しいメガネカイマンやビーバー。いずれの人気動物たちも現存し、なじみのスタッフと共に変わらぬ姿で迎えてくれる。

屋外には仙台市内を流れる広瀬川を再現した展示がある。コイが産卵したり、アユが泳ぐなど、四季が感じられる展示だ

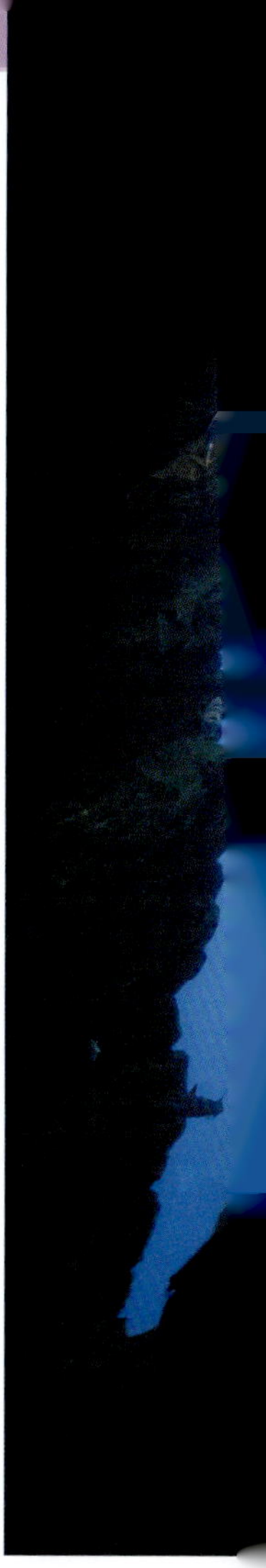

三陸と言えばカキ養殖。カキの養殖縄が並ぶ水槽

マンボウはマリンピア松島時代からのスター

フカヒレになるヨシキリザメの長期飼育に挑戦している

イロワケイルカの繁殖に成功している。イロワケイルカの水中ショーは日本でここだけの貴重なイベントだ

亜南極ペンギンからコガタペンギンまでペンギンの種類は多い

三陸の海とイルカショー

マリンピア時代には小規模な水槽で研究開発を続けていた、三陸の海と松島湾の紹介をする展示は、ここに来て大きく花開いている。入館して直ぐの天井にはホヤ養殖のロープが垂れ下がり、松島湾のアマモと三陸のカキ養殖が特別な展示の一つとなっている。

さらに最大の水槽は三陸沖をイメージしている。ギャラリーのプロジェクションマッピングの音や映像をしばしシャットアウトして、目だけで水槽に入り込めば、広く豊かな東北の海を感じることができるだろう。

うみの杜水族館となってから新たに持った特徴は、イルカとアシカのパフォーマンスだ。屋外でのショースタジアムとしてはここが日本最北端となる。イルカもアシカも野生生物、青空の下でのびのびとジャンプするのが気持ちよさげだ。

なお、2018年7月から飼育展示を続けているヨシキリザメが、'19年4月に、国内飼育最長を達成。順調に成長を続けている。

東北で唯一、青空の下で行うイルカショーが、観客の気持ちを明るくさせる

Information

仙台うみの杜水族館

☎022-355-2222

宮城県仙台市宮城野区中野4丁目6番地

営9:00～18:30、冬期9:00～17:30　※夏季延長営業あり　※入館は閉館の30分前まで　休無休　料大人2100円、中・高校生1600円、小学生1100円、幼児(4歳以上)600円、シニア(65歳以上)1600円　電JR仙石線中野栄駅より徒歩約15分、無料シャトルバスあり　車仙台東部道路仙台港ICから約5分　Pあり

珍しいメガネカイマンの展示は、マリンピア松島時代から続く

AQUATERRACE NISHIKIGAOKA

アクアテラス錦ヶ丘

HP f 🐦 📷　宮城県仙台市

―常設のアートアクアリウム

水塊度	
ショー	
海獣度	
海水生物	
淡水生物	★★★

最大の水槽は熱帯淡水魚の水槽でピラルクーなどが泳ぐ

水槽内に造花を入れたアート水槽。水族館の展示としては珍しい

カメの一種マタマタ。両生類ハ虫類は多い

水槽アートとハ虫類

仙台の内陸にある商業施設「錦ヶ丘ヒルサイドモール」に併設された水族館。展示されている生物種は淡水熱帯魚や金魚だが、ピラルクーなど巨大魚のいる中規模水槽をはじめとして水槽数は多い。水槽の形や配置はアートを意識しているようで、一般的な水族館とは違った雰囲気が楽しめる、常設のアートアクアリウム的な施設といえる。

このファンシーな空間に浸りながら食事やお茶を楽しめるレストランを併設し、カップルに人気だ。一方で、カメやヘビ、カメレオンなどのハ虫類の展示が充実、休日は子ども連れで賑わう。

Information

アクアテラス錦ヶ丘

☎022-226-7970

宮城県仙台市青葉区錦ケ丘1-3-1 錦ケ丘ヒルサイドモール アクアハウス棟2F

営10:00～19:00　※入館は閉館の1時間前まで　休不定休　料大人800円、小・中学生500円、子ども(3歳以上)300円　電JR仙山線愛子駅から徒歩約20分、またはバスで約4分　車東北自動車道仙台・宮城ICから約6分　Pあり

ユーラシアカワウソの水中を確実に見られるのはエサの時間。調べて出かけたい

水塊度	
ショー	
海獣度	★★
海水生物	
淡水生物	★★★★★

カワウソとカワセミの水族館

Aquamarine Inawashiro Kingfishers Aquarium

アクアマリン いなわしろカワセミ水族館

HP f

福島県耶麻郡

ユーラシアカワウソはニホンカワウソと遺伝的に近い

東北の淡水生物の魅力

磐梯山《ばんだいさん》のふもと、自然公園「猪苗代緑の村」の一角にある淡水水族館。近年、アクアマリンふくしまが運営に携わるようになり、魅力的な展示のある水族館に大きく進化した。

まずは名前にあるようにカワセミの展示。カワセミは淡水生物を補食する翡翠色の美しい野鳥で、水族館の付近にも飛来する。カワセミが生息するということは、水生生物相が豊かであるということでもあり、展示生物は福島の淡水魚類はもちろんカエルやイモリなど両生類に水生昆虫、そして外来魚とバラエティに富んでいる。

注目すべきは、絶滅したニホンカワウソと遺伝的に近く、大きさや生態の似ているユーラシアカワウソの展示だ。カワウソは水中で魚やカエルを補食する。一日に2回ある餌の時間は、カワウソのリアルな生きざまを観察するのに見逃せない。

日本のサケマスの仲間を上流から展示。最下流にカワセミがいる

おもしろ箱水槽、福島県内の水生生物約100種を小型水槽で展示

こちらはタナゴの仲間。どの水槽も水草の繁茂が美しい

Information

アクアマリン いなわしろカワセミ水族館

☎0242-72-1135

福島県耶麻郡猪苗代町大字長田字東中丸3447-4

営9:30～17:00（3月21日～11月30日）、9:00～16:00（12月1日～3月20日） 休無休 料大人700円、小・中学生300円 電JR磐越西線猪苗代駅からタクシーで約10分 車磐越自動車道猪苗代磐梯高原ICから約10分 Pあり

陸奥湾に臨む本州最北の水族館

水中トンネルから見えるホタテ養殖の光景は、陸奥の水中を再現している。ホタテとホヤの漁獲高が多い

水塊度	★★★
ショー	★★★
海獣度	★★★★
海水生物	★★★★★
淡水生物	★★★★★

AQUARIUM ASAMUSHI

浅虫水族館

HP f

青森県青森市

サンゴ礁の海の水槽も充実していて、華やかな海を覗ける

タッチングプールにはホタテガイがいっぱい。地元の子どもたちには一番大切な体験だ

先進的だったトンネル水槽

浅虫水族館は、陸奥湾を臨んで建つ本州最北の水族館だ。近くには古くから有名な浅虫温泉があり、観光集客施設として、また青森県民のための生涯学習レジャー施設として建てられた。それだけに、総合水族館としての内容をすべて備えている。

1983年にこの水族館がオープンした当時、象徴的に報じられたのがトンネルのついた大水槽だ。このトンネルは現在主流のものとは大きな違いがある。アクリルのつなぎのところに太い金属の柱がアーチ型に入っているのだ。いかにも古そうなこの水槽、実は日本で二番目につくられた歴史に残る水槽なのである。

かつては海洋大水槽としていたが、現在ではホタテやホヤの養殖で有名な陸奥湾を再現し、養殖の水中光景が広がっている。

展示は冷たい東北の海と、津軽海峡まで流れ込む暖流の両方を反映して、冷たい海から暖かい海までをカバーし、いずれも充実した内容にコーナー分けされている。

イルカパフォーマンスは屋内なので、厳寒期や雪でも大丈夫

海獣館のアシカ

海獣館のペンギン

スギノコ。下北半島にはイワナよりも上流域にヤマメの生息域があり、このヤマメをスギノコと呼んで保護している

寒流のマダラは青森を代表する魚

Information

浅虫水族館

☎017-752-3377

青森県青森市浅虫字馬場山1-25

営9:00～17:00　※延長営業あり　※入館は閉館の30分前まで　休無休　料大人1020円、小・中学生510円　電JR浅虫温泉駅から徒歩約10分　車青森道青森東ICから国道4号線で約15分　Pあり

熱帯淡水魚展示も水草の繁茂が美しく構成されている

冬でも暖か、全て屋内仕様

海獣館には、アシカ、アザラシなどの海獣や、ペンギンといった人気のある動物たちがそろっている。北国の水族館らしく屋内展示にすることで冬対策も万全だ。イルカパフォーマンスも暖かい屋内スタジアム、映像と光を使ってショーアップが図られている。現在は「祭り」をテーマに、津軽三味線や笛の音色に合わせ、イルカたちがダイナミックなジャンプパフォーマンスを繰り広げている。

淡水系のコーナーにも力が入っている。特筆すべきは、熱帯雨林のコーナーだ。水槽内や水面上は全てテラリウムになっていて、ジャングルの雰囲気を醸しだしている。展示生物も、赤いウロコが目立つ立派なピラルクーをはじめ、いい状態で大きく育てられた大型種が多い。

淡水のもう一つが青森県や世界遺産白神の淡水生物のコーナーで、イワナより上流に棲むヤマメ「スギノコ」や、トウホクサンショウウオ、ヤマアカガエルなどが展示されていて興味深い。

アオウミガメとシマアジが泳ぐ中型の水槽。全方位からじっくり観察できる

ウミガメは対馬暖流に乗って日本海からやって来るらしい

水塊度	
ショー	
海獣度	
海水生物	★★
淡水生物	★

MARIENT

八戸市水産科学館 マリエント

HP 青森県八戸市

ウミネコの島が近くにあり、その周辺の魚たちと淡水魚を展示

ウミガメが訪れる三陸

八戸市水産科学館マリエントは、青森県八戸市、ウミネコの繁殖地として天然記念物に指定されている蕪島《かぶしま》の近くにある。まちの水産業を紹介する施設として、水族館展示を備えているのだ。

水族館から眺め下ろすことのできる海は、三陸海岸の最北端とのことだが、そんな海にも南洋のアオウミガメが迷い込んで来るらしい。中規模のメイン水槽には、そうやって保護された3頭のアオウミガメが、暖かい海のシマアジとともに泳いでいる。

観光目的の訪問だと、八戸に水揚げされる生物のことを知りたいと思うだろうが、その点はあまり期待しない方がよさそうだ。実際には地元の子どもたちや、小さな子のいる親子連れがほとんどだ。

基本的には付近で採集した生物を展示している

アジアアロワナ。淡水魚には金魚もいる

Information

八戸市水産科学館　マリエント

☎0178-33-7800

青森県八戸市大字鮫町字下松苗場14-33

営9:00～17:00（9月～5月）、9:00～18:00（6月～8月）　※延長営業あり　休無休　※臨時休館あり　料大人300円、高校生200円、小・中学生100円、シニア（65歳以上）150円　電JR八戸線鮫駅から徒歩約16分　車八戸久慈自動車道種差海岸階上岳ICから約9km　Pあり

「潜り」を展示だから もぐらんぴあ

地下トンネルの中に水中トンネル！　三陸の海と南部潜りを展示する

北限の海女の実演は必見。土日のみの開催なので注意しておきたい

海底作業の潜水南部潜りを見られるのはここだけ

水塊度	★★
ショー	★★
海獣度	
海水生物	★★★
淡水生物	★

MOGURANPIA

もぐらんぴあ水族館

HP f 🐦　岩手県久慈市

南部潜りと北限の海女

もぐらんぴあの名称は、もともと石油備蓄基地のトンネルを使った地下施設に由来している。しかし今は違う。三陸の南部潜りと北限の海女の潜りという、2つの潜りを水槽で披露しているから「もぐらんぴあ」なのだ（復興アドバイザーで関わった筆者説だが）。

NHKドラマ「あまちゃん」の舞台となった久慈市にもぐらんぴあはある。大震災の大津波で水没してから再開後、復興の柱にしようと、ドラマで有名になった北限の海女と南部潜りを導入した。

これを機会に展示の方も刷新。以前は暖流系サンゴ礁のきれいな魚を中心にしていたのを、三陸の海や久慈の漁業を紹介する展示へと変更したのだ。今では三陸の海と暮らしを最も表現している水族館になった。ぜひ出かけて欲しいのだが、潜水実演は土日限定1回開催のみ。時間を確認のこと！

冷水深海系の生物の展示とクラゲゾーンが充実している

トンネル水槽を抜けると大きなクラゲ水槽の部屋があり癒やされる

Information

もぐらんぴあ水族館

☎0194-75-3551

岩手県久慈市侍浜町侍浜町麦生1-43-7

営9:00～18:00（4月～10月）、10:00～16:00（11月～3月）※入館は閉館の30分前まで　休月曜日（祝日の場合は開館し翌日休）　料大人700円、高校生・学生500円、小・中学生300円　電JR八戸線陸中夏井駅からタクシーで約4分　車八戸自動車九戸ICから約45km　Pあり

Column 03

全国の水族館ベスト10

National aquarium best 10

個性的な水族館ランキング

人気の水族館は地域性や信念による特別なこだわりを持っている。美ら海水族館が沖縄の海だけにこだわっているのもその一例だが、そのように巨大水族館でもなければ、人気の動物やショーがあるわけでもないのに、展示へのこだわりによって特別なファンをつくり、それが原動力となって全国から来館者を増やしている水族館も少なからずある。

琵琶湖水系と古代湖だけにこだわった琵琶湖博物館の水族展示は、淡水水族館の中で今最も人気のある水族館だ。博物館としてのこだわりも顕著で面白い。

水族館の存続をクラゲに賭けて大ヒットさせ、そこから水族館リニューアルにまで大躍進させたのは加茂水族館。また北の大地の水族館は北海道の川と寒さと温泉にこだわって集客を15倍にした。

捕鯨基地だった長崎には、捕鯨船が連れ帰った極地ペンギンを飼育していたことで始まった長崎ペンギン水族館がある。同じく地域の基幹産業であるサケにこだわった標津サーモン科学館内にはサケ遡上の魚道が引かれ、遡上を見ることができる。

沼津深海水族館も深海漁業が盛んな沼津港の特色を活かし、深海生物にこだわり賑わう。もぐらんぴあ水族館は震災後に、三陸の伝統、南部潜りと北限の海女の潜りにこだわり、民族学展示をすることで知名度が上がってきた。

一方、他の水族館にはない、もっと尖った展示や運営方法を開発することで有名になった水族館もある。

館長自らショボ水と名乗る竹島水族館は、手描き解説をつくりまくり、スタッフからの情報発信を奨励したことで人気に火が付き、ほとんどお金を掛けずに集客3倍、長蛇の列が出来る全国区の大人気水族館となった。

また桂浜水族館は、手描き解説の先駆者として、美しい切り絵の魚名板を続け、スタッフの濃いキャラを目一杯押し出した抱腹絶倒SNS発信によって、ついに全国的に知られるに至った。

ショーランキングのほうでも紹介した伊勢シーパラダイスのこだわりは、柵無しふれあい展示。カワウソとの握手も発明、ついにはタツノオトシゴとの握手も始めて増客が止まらない。

そのこだわりで人気

1 144p **琵琶湖博物館**
琵琶湖水系にこだわり、博物館として民族学にもこだわって大人気となっている

2 82p **加茂水族館**
近頃ではクラゲ水族館で通じるほど有名になった。海外から訪れる研究者も多い

3 54p **北の大地の水族館**
北海道の川の生物と、魔法の温泉水で育てた熱帯魚の展示で大人気

4 66p **標津サーモン科学館**
館内の魚道にサケが遡上してくる。秋頃に訪れるこだわりも持ちたい

5 180p **長崎ペンギン水族館**
ペンギンの展示種で日本一。海岸の放し飼いペンギンビーチもこだわり

6 123p **沼津港深海水族館**
深海生物というだけで好奇心を抑えられない大人が続出の名称

7 116p **もぐらんぴあ水族館**
海女の実演は全国で2館しかない。南部潜りはここだけの貴重な展示だ

トンガって抱腹絶倒大人気

1 118p **竹島水族館**
強力な女性客組織タケスイエンジェルスなる応援団体まで存在する

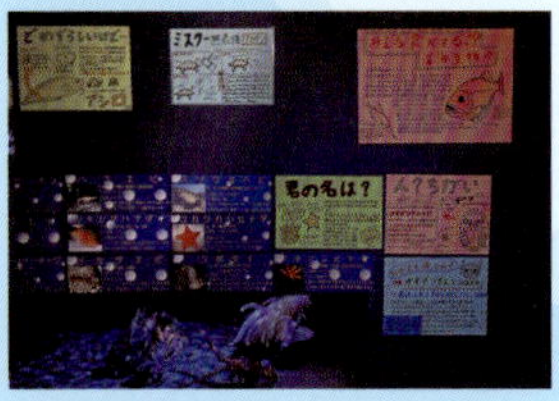

2 138p **伊勢シーパラダイス**
柵無しのふれあい展示は全てここで発明されたと言っても過言でない

3 188p **桂浜水族館**
SNSでは本当に水族館なのか？と疑うが高知にこだわるいい展示

北信越（＋山梨県）

新潟県、富山県、石川県
福井県、長野県、山梨県

のとじま水族館物館

日本海を水中トンネルから見上げる。広い大水槽を1階で水面上と水面下から眺め、さらに地下2階の海底から見上げる趣向

水塊度	★★★
ショー	★★★
海獣度	★★★★★
海水生物	★★★★★
淡水生物	★★★★★

新たに出来たプロローグゾーンの「潮風の風景」では、様々な海岸の様子が展示されている

日本海への誇りを展示する

NIIGATA CITY AQUARIUM

新潟市水族館 マリンピア日本海

新潟県新潟市

HP LINE YouTube

海獣が充実した総合水族館

ここの注目は「日本海」である。多くの水族館が「世界への旅」や「黒潮の海」なんてグローバルなテーマで競い、結局どこも似たような現状にあるが、ここは名称に「日本海」とうたっているのだから期待感が高まる。海域名を冠する水族館は実は少ない。

マリンピア日本海は1990年、巨大水族館時代の先駆けの一つとして、当時流行だったトンネル水槽や、川のジオラマなどの展示手法、またイルカパフォーマンスを備えた近代的な総合水族館として誕生した。

また当時の海獣人気を受けて、アシカやアザラシなどのオーソドックスなヒレアシ類だけでなく、人気絶頂だったラッコ、淡水のバイカルアザラシ、さらには水族館では珍しいビーバーの展示まで積極的に導入している。本稿執筆時においては、日本で数少ないラッコを展示する水族館の一つである。

加えてフンボルトペンギンの広い展示ゾーンがあり、日本海に焦点を当てつつ、水族館で会いたい海獣類全てに会えるのが魅力だ。

高級魚ノドグロ(アカムツ)を世界で初めて人工ふ化・育成に成功した

新潟の海と言えばコブダイ

こちらはサンゴ礁の海の大水槽

バイカルアザラシの繁殖に成功。
ここにはラッコもいる

水族館で珍しいビーバーがいる。
泳ぎが上手なのはさすがだ

イルカショーやトド、アザラシなど海獣も豊富

日本海の深海魚イサゴビクニン。インパクト大の人気魚

Information

新潟市水族館 マリンピア日本海

☎025-222-7500

新潟県新潟市中央区西船見町5932-445

営9:00〜17:00 ※入館は閉館の30分前まで 休12月29日〜1月1日、3月の第1木曜日とその翌日 料大人1500円、小・中学生600円、幼児（4歳以上）200円 電JR越後線白山駅から徒歩約20分、もしくはタクシーで約10分 車北陸自動車道新潟中央ICから約25分 Pあり

ノドグロの大群に驚く

さて「日本海」である。日本海のイメージといえば、美味しいカニやエビ、そしてちょっと不気味な深海魚などがいる深くて冷たい海だ。もちろんここでは、そのような日本海らしい生物たちにいくらでも会える。とりわけ注目なのが、高級魚アカムツ（ノドグロの和名）が500尾ほどもわんさかいる水槽だ。地元の漁協と協力して人工育成に成功したという。水族館は民族学も重要という筆者にとって、ここはノドグロ表記を前面に出して欲しかったけれど。

ところで日本海大水槽には一般的なイメージに反して、太平洋沿岸の水族館と同じく暖流系の魚種が多い。これは北上する対馬暖流のおかげだ。対馬暖流は冬場には水蒸気となり、この地域に豪雪をもたらすこともある。

館内の長くて見応えのある川のジオラマは、雪解け水によって豊かな水を生む、信濃川の上流から河口を見せてくれているのだ。この川が稲作に加え、日本海の豊かな海産物を育ててくれることも憶えておきたい。

日本海を臨むペンギンワールド

入り組んだ岩が特徴のうみがたり大水槽。イワシの群れやブリなど対馬暖流の魚たちが主役だ。水面上もにも様々なシーンが現れる

JOETSU AQUARIUM

上越市立水族博物館 うみがたり

HP LINE

新潟県上越市

うみがたり大水槽の底。チューブ水槽を通り抜けると、映像ホールがある

水塊度	★★★★
ショー	★★★★
海獣度	★★★★
海水生物	★★★★★
淡水生物	★

日本海を借景にした新館

上越市立水族博物館は老朽化していた旧館を閉じ、2018年にその名も「うみがたり」として再オープンした。生まれたての新館は、目の前が日本海という立地を活かし、大水槽の上部とイルカスタジアムプールが、日本海と繋がって見えるつくりになっている。

とりわけ大水槽上部は全展示の導入部として「日本海テラス」と名付けられ、水槽の中央には佐渡島を模した岩が浮かび、その向こうには実際の日本海が広がっていて気持ちがいい。水族館の説明によれば夕日の沈む時間が最高だとのこと。

隣にあるドルフィンスタジアムでは、こちらも日本海の水平線をバックにイルカがジャンプする。尚、気候が厳しくなる冬期にはこのスタジアムは使われず、水中のイルカパフォーマンスとなるのだが、そちらもまた幻想的だ。スタジアムの隣にあるのがシロイルカの展示水槽。上越地方では初の展示で、冬期に外でのイルカショーができない間は、水中でのシロイルカショーが行われる。

日本海に続いているかのように見える2つの水槽があり、こちらはイルカショー

コンブの林に遊ぶ北海のクロソイ

冬期はシロイルカのショーがある

ペンギンの水中給餌は迫力がある

マゼランペンギンの飼育数は世界一。水中ドームをのぞき込みに来た

冷たい海のイカの展示。日本海の冷水系の展示が充実

ここの最大の魅力、ペンギンのウォークスルー。人の通路を闊歩する

北信越

Information

上越市立水族博物館 うみがたり

☎025-543-2449

新潟県上越市五智2丁目15-15

営9:00～17:00、9:00～18:00（土日祝） ※季節によって異なる 休無休 ※臨時休館あり 料大人1800円、高校生1100円、小・中学生900円、幼児（4歳以上）500円、シニア（65歳以上）1500円 電えちごトキめき鉄道妙高はねうまライン直江津駅から徒歩約15分 車北陸自動車道上越ICから約15分 Pあり

魅力的なペンギン展示

館内は大水槽を水面上から水底まで通り抜けるつくりだ。大水槽の水中に林立する擬岩によって分けられたいくつものシーンに沿って構成され、日本海の生態系と漁業や食文化の繋がり、上越の川の恵みなどが紹介されている。

そして何よりもこの水族館を特徴付けているのがマゼランペンギンミュージアム。旧館からの大きな財産で、飼育数世界一を誇るマゼランペンギンの展示だ。

見どころは二カ所あって、その一つが観覧通路とペンギン放飼場が一体になったウォークスルーという展示。ペンギンたちにとっては観覧通路も自分の庭、観覧者の足下を自由に縫って歩き回る。それは、マゼランペンギンの故郷を訪れるのと同じ光景でもある。

もう一つの見どころは、このペンギンたちの水中展示だ。ペンギンの数が多いため、必ず泳ぐペンギンが見られるが、多数のペンギンが集まる水中給餌の時間は見逃せない。ウォークスルーも水中給餌も他では見られない展示で、ペンギン好きならば感激するはず。

人工河川をシロザケの若魚が群れを成す。この施設で最も魅力ある水中景観である

水塊度	★
ショー	
海獣度	★
海水生物	★
淡水生物	★★★

サケの遡上を水中から観察できる

Salmon Museum Iyoboya Kaikan

イヨボヤ会館

HP f

新潟県村上市

村上の特産「塩引き鮭」がそのまま展示されている。村上の初冬の風物詩

三面川の水中を観察する窓。ちょうどシロザケが遡上してきた

本州一のサケ水族館

イヨボヤとは、新潟県村上市の方言でサケのこと。市内を流れる三面川《みおもてがわ》はサケが遡上する川だった。かつて村上藩士が、世界で初めてサケの回帰性に着目し産卵用の種子川《たねがわ》を整備、サケの持続的漁獲を実現した。この水族館は、その先人の歴史や文化をたどれる。

見どころは三面川の堤防地下に建造された鮭観察自然館。川の分流に沿った50ｍに、半水面の窓が並び、秋になればシロザケの遡上や、産卵行動を観察できる。

また川から館内にまで人工河川が引かれ、水中を観察できる。1月〜9月はシロザケの稚魚が群をなし、秋には産卵行動も見られる。産み付けられた卵も確認でき、水族館の醍醐味である水中の世界を覗いている感覚に興奮する。これほど間近に野生生物の繁殖行動を観察できるところは多くない。ここは地域の産業に根付いたサケの水族館なのだ。

チチブ。東京ではダボハゼと呼ばれている。全長8cmほど

トウホクサンショウウオ。川の小動物の展示が充実している

Information

イヨボヤ会館

☎0254-52-7117
新潟県村上市塩町13-34
営9:00～16:30　休12月28日～1月4日　料大人600円、小・中・高校生300円　電JR羽越線村上駅から徒歩約20分　車日本海東北自動車道村上瀬波温泉ICから約10分　Pあり

佐渡名物のたらい船の体験ができる。海ではたいへんそうだ

大型水槽にはブリとスズキ。ほぼ全て食用の展示生物。魚市場のような品ぞろえが楽しめる

水槽数は多い。両側に水槽がずらりと並んだ通路がコの字型に続く。写真手前のようにまるでイケスのような水槽もある

サザエが水槽にへばりついていた

Ageshima Aquarium

尖閣湾揚島遊園・水族館

HP 新潟県佐渡市

水塊度	
ショー	
海獣度	
海水生物	★★
淡水生物	

佐渡島に渡って 水族館を訪れる！

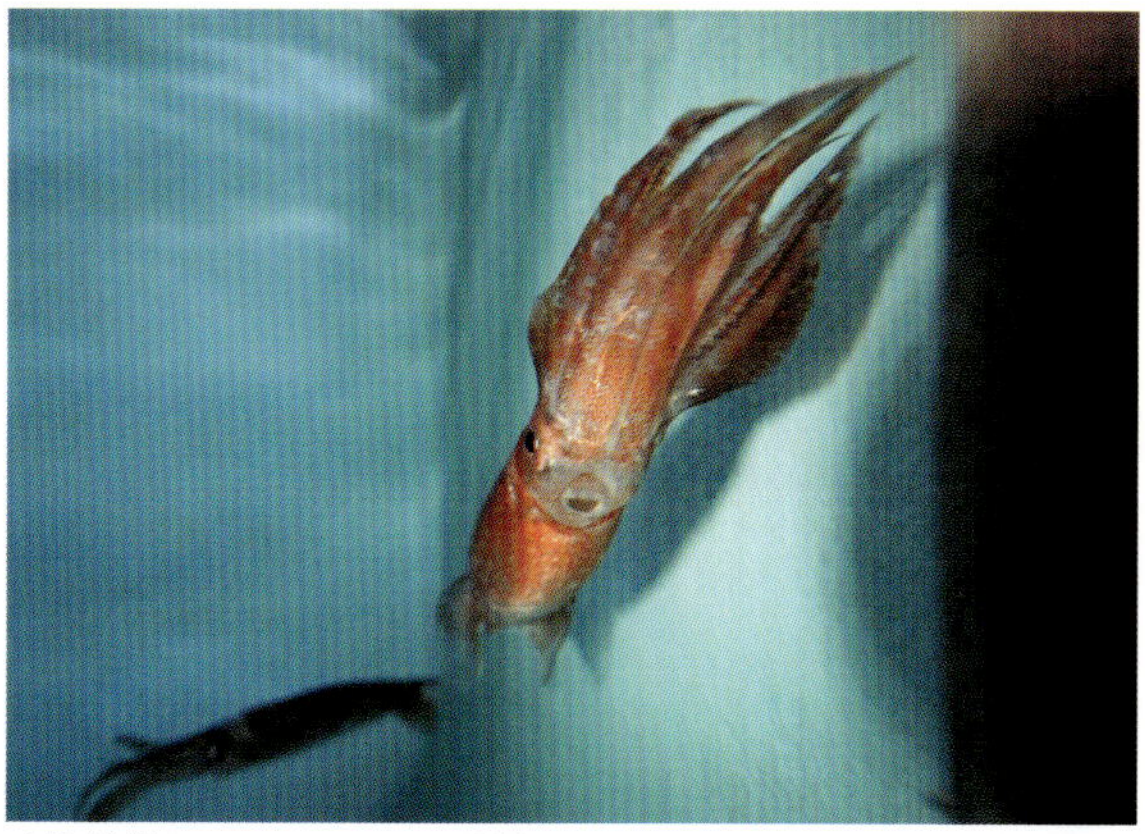

水族館推しのスルメイカ。季節によってイカの種類が変わる。佐渡島はコブダイが有名だが、この時はあいにく幼魚だった

佐渡島海中公園の生物たち

ようやく訪れた！ 今回の改訂版で初登場させるためについに佐渡島に渡ったのだ。海中公園に指定されている佐渡島の誇る景勝地尖閣湾。尖閣湾揚島遊園というレジャー施設の中にあげしま水族館はあった。

まずは水族館前でたらい船体験をして館内へ。想像していたよりも水槽は大きく数も多い。展示生物種は漁港の市場と変わらないが、これがなかなか楽しめる。直前の昼食でいただいたサザエ親子丼のサザエもいた。

佐渡の海は、巨大オデコを持つコブダイとイカが有名なのだが、あいにくコブダイはベラのようなサイズの幼魚しかいなかった。でもイカは水族館では珍しいスルメイカがいた！ 新潟に前泊し、高速船に揺られ、レンタカーを運転してまで訪れた価値はというと、絶景の尖閣湾とセットで充分におすすめである。

Information

尖閣湾揚島遊園・水族館

☎0259-75-2311
新潟県佐渡市北狄1561

営8:30～17:00（3月～4月）、8:00～17:30（5月～10月）、8:30～17:00（11月）、8:30～16:30（12月～2月） 休無休 料大人550円、小児280円（乗船料別） 車両津港から車で約50分 Pあり

テッポウウオの射撃を見せてくれるアトラクション

水槽のぎっしり感だけで十分満足できる

大水槽は暖流系の大型魚が多い。ダイバーによる給餌ショーもある

巨大魚のピラルクー。淡水魚も充実していておおよそなんでもそろっている

Teradomari Aquarium

長岡市
寺泊水族博物館

HP f

新潟県長岡市

コンパクトでも ぎっしりつまった情報

焼き魚でおなじみのホッケ。日本海の冷水系生物はもちろん充実

水塊度	★
ショー	★
海獣度	★
海水生物	★★★
淡水生物	★★★★

盛りだくさんでなごやか

海上に建つという珍しい水族館だ。八角形の建物に様々な水族たちがコンパクトに展示されている。もちろん日本海の上だから、対馬暖流から冷たい深海まで充実している。

一方で淡水生物の展示にもしっかり力を入れている。ピラルクーのいるアマゾンの大水槽と淡水熱帯魚に加えて、両生類ハ虫類や日本の淡水魚にも及んでいる。

館内では二つのショーが行われる。ダイバーによる餌付けと、テッポウウオの射撃ショーだ。テッポウウオは、水中から獲物を狙うときの屈折率まで計算して撃ち落とす。これがなかなか見事で好奇心を満たしてくれる。

加えて館内で見かけた女性飼育員が素晴らしかった。観覧者に話しかけては、面白く解説する姿に感心。水族館博物館が国民の教養のための社会教育施設である意味を感じた。

ペンギンの給餌解説。スタッフによる解説アトラクションが多い

Information

長岡市寺泊水族博物館

☎0258-75-4936

新潟県長岡市寺泊花立9353-158

営9:00～17:00　※入館は閉館の30分前まで　休年末年始、不定休　料大人700円、中学生450円、小学生350円、幼児（3歳以上）200円　電JR越後線寺泊駅からバスで10分「寺泊水族館前」下車すぐ　車北陸自動車道三条燕ICから約35分　Pあり

富士のふもとの淡水水族館

外壁もアクリルが使われ、外の池の水中と林を眺めることができる

アクリルをふんだんに使った水槽により、透明感の非常に高い水族館

床は木の素材を使ったフローリングという新感覚の館内

ドーナツ水槽は二重になっていて、大型魚と小型魚が重なる

ヤマメ。富士の湧水が気持ちよさそう

Mori-no-naka Aquarium

森の中の水族館。山梨県立富士湧水の里水族館

HP　山梨県南都留郡

水塊度	★★★
ショー	
海獣度	
海水生物	
淡水生物	★★★★

Information

森の中の水族館。山梨県立富士湧水の里水族館

☎0555-20-5135

山梨県南都留郡忍野村忍草3098-1 さかな公園内

営9:00～18:00　※入館は閉館の30分前まで　休火曜日（祝日の場合は開館し翌日休）、12月28日～1月1日　料大人420円、小・中学生200円　電富士急行富士山駅からバスで約15分「さかな公園」下車、徒歩約3分　車東富士五湖道路山中湖ICから約5分　Pあり

コイもちょっと野生の顔

透明な水塊に癒やされる

不思議な透明感のある水族館だ。透明感の源は中央にある巨大な透明のドーナツ型回遊水槽にある。外側と内側との二重になった巨大なドーナツは全面が透明なアクリル製。さらにドーナツ内部への地下通路の天井もアクリル製。この透明な水塊を、2階に満たされた陽光が通り、館内を水中色に染める。

飼育水はこの地で湧き出す水を使っているため、常設展示は全て日本の淡水魚だ。溶岩湖である富士五湖を表現した深みのある水槽は、深く薄暗く、水に対する畏れを感じさせる水槽だ。

建物の外の池は、水中が館内から見えるようになっており、周囲に繋る林の景観と一体になって、水族館の空間をどこまでも広げている。清涼な水塊に触れ、日本の川の清らかさを再認識できる水族館だ。水の透明感にあふれた空間は、いつもの時間感覚を自然の中で流れる時間に変えてくれる。気がつけばあっという間に時間が経っていた。この新感覚、一度知ったらきっと病みつきになるはず。

日本初の水中トンネル水槽。内部に太い柱、太いパイプは窒息防止の換気用ダクトだ！

水塊度	★
ショー	★
海獣度	★
海水生物	★★★★★
淡水生物	★★★★

歴史と共に、富山湾にこだわる

UOZU AQUARIUM

魚津水族館

HP YouTube f

富山県魚津市

富山湾沿岸の水槽では、波に揺られる魚群を見せる

マツカサウオの発光は、この水族館の停電時に発見された

富山湾と言えば寒ブリ。もちろん立派なブリが群れをなしている

100年を超える歴史

魚津水族館の歴史は古く、設立は大正2年（1913年）にまでさかのぼる。その後、大戦中の閉館や2度の立て直しを経て、現在の水族館は1981年にオープンした3代目だ。

魚津は富山湾に面したまちで、富山湾といえばホタルイカが有名だ。魚津水族館では毎年、漁のある3月半ばから5月までは、ホタルイカの飼育展示を行っている。ほかにも、マツカサウオや、ヒカリキンメダイ、ウミサボテンなど、発光生物の飼育に熱心だ。

実は、今では誰でも知っているマツカサウオの発光が発見されたのは、一世紀も前の初代魚津水族館で、停電中に光るものを見つけたのがきっかけだったのだ。

この水族館には今なお目に見える歴史もある。それが水族館中央にあるアクリルトンネル水槽。実はこれが、日本最初の水中トンネルなのだ。内部にはトンネルを支える鉄骨アーチに加えて、中央にも柱が一本通ったつくりとなっている。さらに当時の行政指導という換気用パイプまで備えている。

富山湾の豊かさは川の上流から始まる。緑が美しい

田んぼの風景を切り取って、カエルやイモリ、水草を展示

水深300m以深の深海魚ノロゲンゲ。全体がゼラチン質の魚

富山湾の深海底は低温だがとても豊か。ベニズワイガニ

深海生物が充実。残念ながら撮影時にはいなかったが、季節になると発光するホタルイカの展示もある

巨大魚のピラルクー。大型淡水魚をはじめ熱帯淡水魚も充実している

Information

魚津水族館

☎0765-24-4100
富山県魚津市三ケ1390

営8:30～17:00　※入館は閉館の30分前まで　休12月29日～1月1日、12月1日～3月15日までの月曜日　料大人750円、小・中学生410円、幼児（3歳以上）100円　電あいの風とやま鉄道魚津駅からコミュニティバスで約20分「水族館前」下車すぐ　車北陸自動車道魚津ICまたは滑川ICから約15分　Pあり

水族館の歴史として貴重で、水族館プロデューサーである筆者のイチオシ展示だ。

富山湾の深海と北アルプス

日本初のトンネル水槽には、富山湾の名物「寒ブリ」のブリが群れを成して泳いでいる。また前述の通り、難しいホタルイカの展示に挑戦している。つまり、魚津水族館の展示には富山湾の恵みを紹介することへの強いこだわりがあるのだ。富山湾は日本海側でもっとも深い湾で、日本海の深海へとつながっている。また北アルプスの山々からの雪解け水が流れ込んでいて、そのどちらもが、富山湾の豊かな生物層を育んでいる。

つまり美味しいイカやエビは、日本海の低温を保った深海が育み、沿岸にやってくるブリなど対馬暖流の魚たちは、山からの豊かな恵みが育てているということなのだ。ちなみに一般的にボタンエビと呼ばれるエビの本名はトヤマエビだ。寒ブリ、ホタルイカ、ボタンエビ、さらにタイにアジ等々。前日にいただいた美味しい海の幸を、全て水族館で見ることができた。

ジンベエザメもいる 日本海側最大の水族館

ホッコクアカエビ＝甘えび！

人気の深海魚イサゴビクニン

水塊度	★★★★★
ショー	★★★
海獣度	★★★★
海水生物	★★★★★
淡水生物	★★★

ドーナツ水槽がリニューアルされ、プロジェクションマッピングと鏡壁も追加されて女性に人気のスポットに

近頃流行のイワシの群れを動かすショーを取り入れた「イワシのビッグウェーブ」

Notojima Aquarium

のとじま水族館

HP LINE YouTube f

石川県七尾市

新施設が続々登場

石川県能登半島の七尾湾に浮かぶ能登島は、橋で半島とつながる風光明媚なリゾートアイランドだ。その中心的な施設となっているのが「のとじま臨海公園水族館」である。この水族館は、全国各地で人気となっている展示を次々に取り入れるアグレッシブなスタイルで、広い敷地内にさまざまな魅力をつめ込んだ水族館となっている。

全国的に希少になってしまったラッコを含む多種の海獣類の展示や日本最長を誇るトンネル水槽を持つほかに、最近では日本海側で初めてのジンベエザメ館を新設。さらにクラゲの光アートやプロジェクションマッピングによる演出など、アミューズメントスタイルの展示を続々と取り入れ、近年の水族館の人気アイテムのほとんどを取りそろえている。

とりわけジンベエザメ館は魅力的だ。日本海側で唯一のジンベエザメ展示というだけでなく、「青の世界」の別名にふさわしく、この水族館の水塊度を一気に高めている。

日本海側唯一のジンベエザメ展示。ジンベエザメ水槽としては美ら海水族館に次ぐ巨大水槽で、水塊度も高い

青いタグ付きズワイガニ。石川県のブランド「加能ガニ」の証、甲長9cm以上のズワイガニだけ

イワシショーよりも早くからあった魚ショー「マダイの音と光のファンタジア」、光も美しい

マゼランペンギンのお散歩タイム。このようなイベントが次々にある

コツメカワウソがめまぐるしく走り泳ぐ

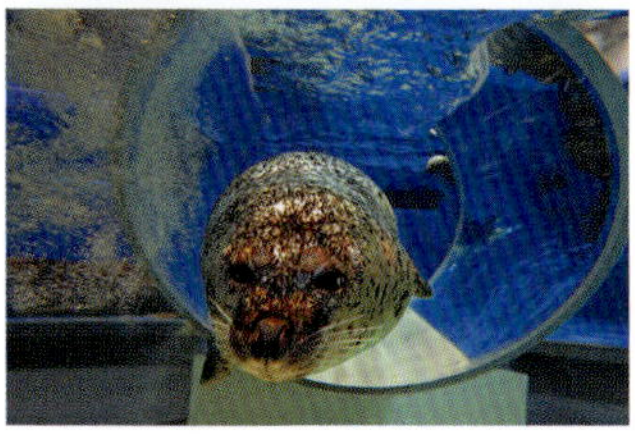

アザラシ万華鏡と名付けられた円柱ステージ水槽

イルカたちの楽園と名付けられたトンネル水槽。カマイルカとペンギンが青空の下を泳ぎ、とても近く感じる

Information

のとじま水族館

☎0767-84-1271

石川県七尾市能登島曲町15部40

営9:00～17:00（3月20日～11月30日）、9:00～16:30（12月1日～3月19日） ※入館は閉館の30分前まで 休12月29日～12月31日 料大人1850円、中学生以下（3歳以上）510円 電JR和倉温泉駅から「のとじま臨海公園」行きバスで約30分、終点下車すぐ 車能越自動車道（国道249号）和倉ICから約16km Pあり

イルカショーは七尾湾を背にして開放的

見どころ満載の水族館

日本海に張り出し、西で対馬暖流を受け止め、東に富山湾を擁する能登半島は豊かな漁場だ。本館では、その能登の海の生物を、まずは暖流側、続いて海岸風景から冷たい日本海海底の生物までしっかり見せてくれる。

本館を出ると、イルカショーにペンギンプール、そして今では希少なラッコが健在と、行き先に迷うほどの広さと多様さだ。

その中でもおすすめなのは、水中トンネルのイルカとペンギンの展示だ。イルカが青空に浮かぶトンネルは、八景島シーパラダイスに次いで2館目だが、ドーム状の八景島に対してトンネル経が小さいためイルカがより近くに感じる。海の自然生態館も大きく改装された。名古屋港水族館のマイワシトルネード風のイワシのビッグウェーブなるショーが行われ、躍動感によって水塊度がアップした。アザラシ展示は様々な角度から会える不思議なつくりの水槽に移行。カワウソでは生態を立体的に見せるユニークな水槽が新設され、よりよき変化を続けている。

海洋館にはマイワシの群れを見せるこの水族館最大の水槽がある

昭和の姿と新しさがある水族館

水塊度	★★
ショー	★★
海獣度	★★★
海水生物	★★★★
淡水生物	★★★

床がアクリルになった「さんごの海」は、アクリルを傷つけないため靴を脱いで入るお座敷風水槽

Echizen Matsushima Aquarium

越前松島水族館

福井県坂井市

昭和34年当時の水槽が今も現役。日本最古の水槽

ユーモラスなホテイウオ。日本海深海の美味しい名物魚だ

ガラス水槽からアクリルまで

のっけから失礼ながら、越前松島水族館ではレトロな展示にまず感動する。1959年（昭和34年）開館という当時の汽車窓水槽が今も現役で並んでいるのだ。しかも水槽の窓はガラス製という貴重さだ。

そして2009年、この水族館に新しい施設が新設された。イルカショープールと海洋館だ。海洋館には、初の大型水槽と、足下がグラスボートのようにアクリルになった不思議水槽「さんごの海」があり、水塊度が一気にアップした。2014年にはサンシャイン水族館の天空のアシカを真似たハート型のペンギン水槽も登場している。昭和を残す貴重なガラス水槽からアクリルの最新型水槽まで、近代水族館の歴史がここ1館で実感できる。

動物接近型のフィーディング

動物との近さは、この水族館の特徴であり、大きな魅力でもある。見ているだけで楽しいのが、屋外にある「ふれあいジャブジャブプール」だ。流水プールの水を少なくしたような、浅いドーナツ型の海水プールだが、そこにはイシダイやメジナなど20種千匹もの生物が放してあり、子どもたちがびしょぬれになりながら、魚を追いかけていた。ここはいわば海の小川である。私たちの子ども時代にはあった、野生の生物たちと遊んでもらえる小川の代わりだ。

ペンギン館ではオウサマ、ジェンツー、イワトビと亜南極のペンギンたちを飼育。外にはフンボルトペンギンがいる

魚を自由に追いかけるジャブジャブプールでちびっ子たちの歓声が上がる

イルカショーは古い直堀のプールから現代的なスタジアムへと変わった

Information

越前松島水族館

☎0776-81-2700

福井県坂井市三国町崎74-2-3

営9:00～17:30（3月1日～11月4日　※延長営業あり）、9:00～16:30（11月5日～2月28日）　※2018年度の場合　休無休　料大人2000円、小・中学生1000円　電JR北陸本線芦原温泉駅から「東尋坊」行きバスで約30分、「越前松島水族館前」下車すぐ　車北陸自動車道金津ICから東尋坊方面約20分　Pあり

四方透明な水槽の後ろに若狭湾のおいしい生物のコーナー

なでてもらおうと寄ってくる魚たち

Fukui Prefectural Seaside Nature Center

福井県 海浜自然センター

HP f　福井県三方上中郡

——三方五湖と若狭湾を知る

水槽は小中型ながら計60本もあり満足度が高い

水塊度	★
ショー	
海獣度	
海水生物	★★
淡水生物	★

三方五湖と若狭湾

三方五湖と若狭湾の自然を、そこに住む生き物を通じて紹介するという構成の水族館。水槽それぞれの展示意図がよく伝わる。「若狭路のおいしい生物」のコーナー名に感服し、ブランドタグ付きの越前ガニの展示に上質な水族館文化を感じた。

エントランスにある大型水槽は、小さな水中窓が開いた不思議な水槽なので、ぜひ手を入れてみよう。ハタたちがなでてもらおうと寄ってくる。指を掃除魚の代わりにしているらしい。

Information

福井県海浜自然センター

☎0770-46-1101

福井県三方上中郡若狭町世久見18-2

営9:00～17:00、9:00～18:00（7月21日～8月31日）　※入館は閉館の30分前まで　休月曜日（休日を除く）、休日の翌日（土・日・休日を除く）、12月28日～1月4日　※7月21日～8月31日は毎日開館　料無料　電JR小浜線三方駅からタクシーで約15分　車舞鶴若狭自動車道三方五湖スマートICから約15分　Pあり

水中からアルプスを望むパノラマ

自然との一体感を感じる迫力のある水族館。中央にアルプス

ALPS AZUMINO
NATIONAL GOVERMENT PARK

国営アルプスあづみの公園

長野県安曇野市

HP

大型の水槽は全て外にあり安曇野の森が背景となっている

水塊度	★
ショー	
海獣度	
海水生物	
淡水生物	★★

イモリやイシガメなど小動物も充実している

自然景観を楽しむ水槽

アルプスを臨む水槽を見つけた。アクリルの巨大窓の向こうに広がる緑と、はるか先に雪をいただいた常念岳《じょうねんだけ》がそびえる景観は、巨大な壁画のように美しかった。

ここはアルプスあづみの公園の中にある「あづみの学校」という建物で、その「理科教室」という部分は屋外開放型の大型水槽に囲まれているのだ。ニジマス、イワナ、ヤマメ、それぞれ雰囲気の違う清流が再現されて清々しい。水槽の向こうは本物の安曇野の森なのだ。

Information

国営アルプスあづみの公園

☎0263-71-5511　長野県安曇野市堀金烏川33-4

営9:30～17:00　※季節によって異なる　※入園は閉園の30分前まで　休月曜日（休日を除く）、12月31日～1月1日　※GWと7月20日～8月31日は毎日開園　料大人（15歳以上）450円、シルバー（65歳以上）210円　電JR大糸線穂高駅からあづみの周遊バスで約13分「国営アルプスあづみの公園」下車すぐ　車長野自動車道安曇野ICから約20分　Pあり

Tateshina Amusuement Aquarium

蓼科アミューズメント水族館

長野県茅野市

HP

花に群がる魚たち。アートアクアリウム的な展示がファンシー

水塊度	
ショー	
海獣度	
海水生物	
淡水生物	★★★

標高1750 mにある淡水水族館

ピラルクーやレッドテールキャットなど大型の熱帯魚を展示

アストロノータス。品種改良による観賞魚も多い

ファンシーがコンセプト

標高1750mに水族館。もちろん淡水水族館だが、自ら名乗るようにアミューズメントに徹し、世界の淡水魚がファンシーな雰囲気の中で展示されている。展示コーナー名に、ドリームレジデント、レインボーパレス、なんてついている水族館は他にはない。

観賞魚が多く、きれいで可愛い系熱帯魚を中心に、ピラルクーなど巨魚からマニアな淡水魚まで。水槽アート的な展示もあり、蓼科観光の立ち寄りスポットにいい。

Information

蓼科アミューズメント水族館

☎0266-67-4880　長野県茅野市北山4035-2409

営9:30～17:00、9:00～17:30（土日祝）　※入館は閉館の1時間前まで　休無休　※臨時休館あり　料大人1470円、小学生840円、幼児（3歳以上）420円　電JR中央線茅野駅から「北八ヶ岳ロープウェイ」行きバスで約60分終点下車すぐ　車長野自動車道諏訪ICまたは諏訪南ICから約40分　Pあり

東海

愛知県、静岡県、岐阜県、三重県

名古屋港水族館

水量も建物も圧倒的な 日本最大水族館

水塊度	★★★★★
ショー	★★★★★
海獣度	★★★★★
海水生物	★★★★★
淡水生物	★★★

水族館に入ったとたんシャチの親子が出迎える。巨体がふわりと浮く浮遊感で一気に水塊に包まれる

係員とシャチは意志を通じ合わせるが、朝一番に行けば観覧者にも挨拶してくれることがある

Port of Nagoya Public Aquarium

名古屋港水族館

HP YouTube f 愛知県名古屋市

南極と進化の歴史を旅する

名古屋港水族館と言えばシャチ。名古屋城に金鯱があるなら、水族館にだってシャチ！　とシャレでなくまともにそう考えている名古屋のみなさんの感覚、とても好きだ。

さて、そのシャチを含めて鯨類の展示をする北館の完成によって、名古屋港水族館は、まぎれもない日本最大の水族館となった。

なにせ建設費はダントツの日本一。金額で判断するのはいい趣味ではないが、文化施設としても他に比類する物のない規模なのだ。動物にまったく興味のない人を連れていっても、水塊感あふれる水槽や命の織りなす美しい光景に、必ずや感動してもらえるだろう。

名古屋港水族館は、二つの大きなテーマによって展示がなされている。北館が「35億年はるかなる旅～ふたたび海へもどった動物たち～」、南館が「南極への旅」だ。

イルカたちの巨大水塊

北館の長いテーマは、つまりは鯨類の進化についてだが、素直な感覚からすれば「イルカの国への

シロイルカの水槽も巨大な水塊。気まぐれにバブルリングで遊ぶ様子を見られたらラッキーだ

パフォーマンススタジアムの下にある水中観察窓で、海洋のごとき圧倒的な水塊と向き合えば、イルカたちがすごい勢いで駆け寄ってきてくれる

左右60m奥行30m深さ12mのプールの水量は1万3400トン。助走に乗ったイルカのジャンプは驚くほど飛距離が長い

南極への旅は黒潮の海から始まる。マイワシトルネードは2万尾のイワシの摂餌行動。美しく躍動する命の水塊だ

サンゴ礁の外側を表した大水槽には、大型の暖流系魚類がいる

超レアなカイロウドウケツとエビの展示。深海生物も充実

ライブコーラル。人工灯による造礁サンゴとしては規模も美しさも日本一

旅」だ。広い館内は圧倒的ともいえる水塊からあふれた光で青く揺らめく。シロイルカの巨大な水槽は北極海の冷たい暗さを湛えて揺れる。

特にパフォーマンスプールの巨大さには度肝を抜かれる。これはもう海と言っていい。おすすめはパフォーマンスプールの水中観察窓。イルカたちは青い水塊の中からスーッと現れ、瞬時に目の前にやってくる。

人気のシャチも水中窓がいい。シャチの巨体がふわりと動く浮遊感は、ここならではの体験で感動だ。シャチと目が合う興奮を味わいたいなら開館直後を狙おう。朝はシャチが最も愛想のいい時間。運が良ければ挨拶してくれるかもしれない。

南極への旅

南館のテーマ「南極への旅」は、名古屋港に永久停泊する南極観測船ふじの航路をたどる旅だ。マグロやカツオの泳ぐ黒潮の海から、一気に赤道の海に向かっていく。

この黒潮の海で世界初のビッグショーが開発された。それが「マイワシ・トルネード」だ。マイワ

人工の雪が降り氷に覆われた陸上部分は気温-2℃の低温。日照時間も南極に同調させているため、日本で冬の時期には南極の夏となり、明るい時間が長くなる

国内では2カ所でしか会えないコウテイペンギン。水温は6℃という超低温だが気持ちよさそうに泳ぐ姿が見られる

展示が希少なアデリーペンギンのトボケ顔が愛らしい

Information

名古屋港水族館

☎052-654-7080

愛知県名古屋市港区港町1番3号

営9:30～17:30（春休み～11月末）、9:30～17:00（12月～春休み前まで）　※GW、夏休み期間中は20時まで延長営業　休月曜日（祝日の場合は開館し翌日休）　※臨時休館あり　料大人2000円、小・中学生1000円、幼児（4歳以上）500円　電地下鉄名港線「名古屋港」から徒歩約5分　車伊勢湾岸自動車道名港中央ICから約25分　Pあり

南極への旅のもう一つの超レア生物がこのナンキョクオキアミ。繁殖の成功で展示が可能になった

シの大群を餌によって群行動させる展示だ。群れは銀色のオーロラのごとく広がったかと思えば、竜巻のごとく収斂し妖しく美しく千変万化する。

　しかし旅はまだ始まったばかりだ。深海ゾーンで驚きの発見をし、切り立ったサンゴ礁のドロップオフからサンゴ礁の花園へと、海の楽園を楽しみながら赤道を越えるとオーストラリア。唯一の淡水生物のコーナーで、豪州の淡水展示としては類をみない充実度である。

　さていよいよ南極に到達したら、まずは南極の生態系を支えるナンキョクオキアミの展示は必見！　ここでしか会えないのだ。

　そしてクライマックスの極地ペンギンだ。気温零下2度、水温6度に設定され、人工の雪も降る水槽には、南極でしか繁殖しないたった2種のコウテイペンギンとアデリーペンギンをはじめ、極地ペンギンだけが展示されている。亜南極ペンギンさえいない正統派。

　尚この水槽、日照時間は南極に同調しているので、夏にでかけると暗い。南極が常に明るくなる日本の冬が観覧に向いている。

巨大動物園の小さな水族館施設

世界のメダカ館の中は緑の回廊。水草のレイアウトを眺めているだけで癒やされる

アフリカのメダカ。日本のメダカとは違って鮮やかで美しい

Higashiyama ZOO&BOTANICAL GARDENS

名古屋市東山動植物園

世界のメダカ館＋自然動物館

HP YouTube

愛知県名古屋市

水塊度	
ショー	
海獣度	
海水生物	
淡水生物	★★★★★

世界のメダカを集めた

広大な東山動植物園に、メダカだけの水族館がある。なんだかしょぼそうだと思うかもしれないが、とんでもない。中規模の水族館で、その名も「世界のメダカ館」。メダカとメダカに関わる魚類ばかりにこだわって集めた約200種を展示。それが170個の水槽に飼育されている。小さい水槽ながらもちろんメダカの数では世界一、水槽も数だけなら日本有数の水族館だ。

メダカの生きる水草環境を再現したギャラリーは、雰囲気だけでも気持ちいい。小さな水槽をズラリと並べたギャラリーでは、宝石のようなメダカたちに驚く。この水族館に一歩入れば、とるに足らないと考えられてきたメダカたちの、うれしい逆襲を受けられる。

世界のメダカ館のすぐ隣の「自然動物館」には、水族館好きではおなじみの、温室・ハ虫類・両生類（さらに夜行性生物）のゾーン

メキシコのメダカは精悍な顔つき

円柱水槽の回りには、メダカたちの極小水槽がたくさん並んでいる

があるから立ち寄りたい。

ハ虫類は水族館で観るようなレベルを超えている。動物園ならではの巨大なワニたちがのっそり水中にたたずむ迫力。ミズオオトカゲなどハ虫類たちの勇姿もいい。

両生類の世界も、世界のサンショウウオやカエルたちの多様すぎる種類数、水族館にはない展示規模に感動する。

両生類最大のオオサンショウウオ。ここではカエルやイモリの展示も多い

自然動物館の大半はハ虫類と両生類の水族館とも言える。3mもあるナイルワニが水中でくつろぐ

Information

名古屋市東山動植物園

☎052-782-2111
愛知県名古屋市千種区東山元町3-70
営9:00～16:50 ※入園は閉園の20分前まで 休月曜日(祝日の場合は開園し翌日休)、12月29日～1月1日 料大人500円、中学生以下無料 電地下鉄東山線東山公園駅から徒歩約3分 車東名高速道路名古屋ICから約15分 Pあり

ミズオオトカゲ。気性が激しく紫色の舌が不気味

Akatsukayama Park Gyogyoland

赤塚山公園 ぎょぎょランド

HP f 愛知県豊川市

── 豊川市民いこいの水族館

水塊度	★
ショー	
海獣度	
海水生物	
淡水生物	★★★

豊川市内を流れる「とよがわ」の水中を再現。水槽は大きい

イトモロコ。濃尾平野、つまりこの辺りから西に生息

世界の淡水魚も展示。マラウィ湖の魚

豊川の河口から上流

入場無料、しかも淡水魚水族館としてはかなりの規模。地元の淡水魚を中心に、世界の淡水魚を展示している。豊川の河口から上流へと環境を切り取った水槽によるメイン展示は、無料には思えないほどの充実ぶりで、実際の川をさかのぼっている感覚で楽しめる。

特別に見せたい魚類や、外国産淡水魚は小さな水槽に分けられていて見やすい。

水族館は赤塚山公園の中心施設で、公園内には、ちびっ子のための小動物のふれあい動物園が、大人向けには花しょうぶ園と梅園が設置され、家族で一日、無料で楽しめる。

Information

赤塚山公園ぎょぎょランド

☎0533-89-8891
愛知県豊川市市田町東堤上1-30
営9:00～17:00 休火曜日、祝日の翌日、年末年始 料無料 電名鉄名古屋本線国府駅からタクシーで約15分 車東名高速道路豊川ICまたは音羽蒲郡ICから約20分 Pあり

スナメリを魚類と同居させているのはここだけ。伊勢湾のスナメリは瀬戸内海や九州に比べるととても大きい

アカウミガメも魚類と同居。マイワシの群れを蹴散らす

亜南極ペンギンの水槽。ジェンツーペンギンとオウサマペンギンがいる

水塊度	★★★
ショー	★★★★★
海獣度	★★★★★
海水生物	★★★
淡水生物	★

海獣たちとのビーチリゾートを楽しむ

Minamichita Beach Land

南知多ビーチランド

HP YouTube Twitter　愛知県知多郡

伊勢湾のビーチに建つ

南知多ビーチランドは、海水浴や潮干狩りのできるビーチと、遊園地を含む複合レジャー施設で、その中心となっているのが水族館だ。子ども連れのビーチレジャーに最適なため、水族館は動物たちと楽しく触れ合えることを大切にしている。

もちろん展示内容では立地環境の特色も忘れてはいない。南知多ビーチランドのある場所は、愛知県知多半島の伊勢湾岸だから伊勢湾の生物にはこだわりを持つ。

とりわけ水量1000トンの大水槽で泳ぐ小型鯨類スナメリは、伊勢湾の頂点に立つ生物だ。ふつうイルカの仲間は、鯨類だけで飼育されるが、ここでは伊勢湾の魚たちと一緒に飼育されているので、広い水槽をマイワシの群れに突っ込んだりしながら自由に泳ぎ回る姿を見ることができる。

この水槽では、マイワシの群れをエサで動かし、光と音楽を合わせたショー「マイワシ流星群」も上演されるが、そこにスナメリが突っ込む姿は躍動感にあふれていて美しい。

メガネモチノウオ。別名ナポレオンフィッシュとしても知られる

館内にある沈船に乗り込んで海中を見る趣向のエリア

海獣ショーは柵がない！　アシカが客席まで乗り込んでくる

アシカとのふれあいが子どもに大人気

フンボルトペンギンの餌やり体験。ふれあい系のイベントが多く、アシカ、ペンギン、アザラシなど次々に行われる

イルカショーはテンポ良く豪快に進んでいく。真ん中のイルカは、ハナゴンドウとバンドウイルカのハイブリッド。野生でも生まれるらしい

Information

南知多ビーチランド

☎0569-87-2000

愛知県知多郡美浜町奥田428-1

営9:30～17:00(3月～10月)、9:30～16:30(11月)、10:00～16:00(12月～2月)　休12月～2月の毎週水曜日(冬休み期間を除く)　料大人(高校生以上)1800円、小人(2歳以上)800円　電名鉄知多線知多奥田駅から徒歩約15分　車南知多道路美浜ICから約10分　Pあり

牙の美しいセイウチのキック君は、観覧者とよく遊んでくれる

海獣たちと遊ぶ一日

魚類を中心とした屋内展示の海洋館を抜けると、広々とした動物園風の空間となる。いかにもビーチリゾートという開放感を感じる。ここでの主役は海獣たちだ。海獣のショーやふれあいタイムも多い。

ショースタジアムは観覧席との距離感を無くすように、プールとの間の柵を撤去した。イルカたちは客席に海水をバシャバシャ掛け、アシカは観覧席まで上がって来る豪快さが売りになっている。

特筆すべきおすすめは、セイウチの勝手に一人でパフォーマンス。知りうる限り、ここのオスセイウチ、キック君は日本一愛想のいいセイウチだ。人の顔をのぞき込みに来ては、何か一生懸命しゃべっているようで、写真撮影にも一緒に入ってくれる。時々恥ずかしいところに手をやって、困ったことをするのもご愛嬌。

アシカやアザラシのふれあいタイムが多いのはビーチランドの魅力だが、それを逃しても、ここのセイウチはいつでもガラス越しに遊んでくれるはずだ。

水族館や水槽は小さいが、タカアシガニの大きさはずば抜けていて、日本一だ。3mを超える大物が複数展示されている

古い小さい！　でも超人気水族館

深海生物のタッチング。タカアシガニやオオグソクムシそして冷たい水にもタッチ！

深海のミノエビ。深海生物の種類数は常に日本一を誇る

水塊度	★
ショー	★★
海獣度	★
海水生物	★★★★
淡水生物	★★

Takeshima Aquarium

竹島水族館

HP　愛知県蒲郡市

展示係の心が伝わる

三河湾の竹島の前にある竹島水族館は、古くて小さい。館長自ら「ショボ水」と自虐するほどなのだが、今や愛知県では注目の水族館で、連日混雑の盛況ぶりだ。

その人気の原動力は、厳しい予算としょぼい水槽展示を超える、スタッフの飽くなき手作り努力にあった。手作りによりスタッフの顔が見え、展示の伝達力が増しているのだ。

とりわけ、その努力が現れているのが手書き解説だ。いわゆる生物学的な内容よりも、トリビア的な話題や、担当者の経験、姿はキモイけど食べてみた味などが、軽妙な文体で書かれている。

そんな解説を読めば、いつのまにかその生物のことが好きになる。好奇心の喚起こそが水族館の最も大切な存在意義である。おかげで観覧者の解説を読む率は日本トップクラス。そのようにテレビで紹介されてから、遠方からわざわざ解説を読みに来る客も多い。そしてなんと独自に開発した、「魚歴書」なる解説板ばかりを集めた書籍まで出版された。

何よりも注目なのがスタッフの手書き解説。水槽よりも先に解説を読む人の方が多いほど

人気者のウツボ。展示の仕方が独特で人気なのだ

言うことを聞かないカピバラショーもなぜか人気

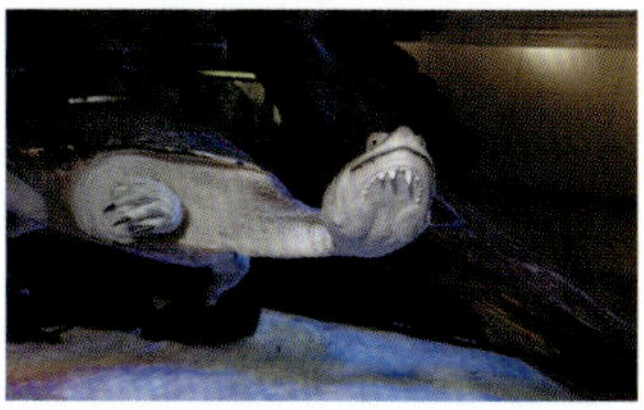

ジーベンロックナガクビガメ。熱帯淡水生物もいる

日本最小のアシカショースタジアム。トレーナーの涙ぐましい努力が大人気。ときおり館長がトレーナーを務めることもある

ライブコーラルとサンゴ礁魚の水槽がとても美しい。マニアックなことが得意な水族館

オリジナル商品がバカウケ大ヒット！ 超グソクムシせんべい、カピバラの落とし物、超ウツボサブレなど、可笑しすぎるお菓子

Information

竹島水族館

☎0533-68-2059

愛知県蒲郡市竹島町1-6

営9:00〜17:00　※入館は閉館の30分前まで　休火曜日(祝日の場合は開館し翌日休)、12月31日、6月1週目の水曜日　料大人500円、小・中学生200円　電JRまたは名鉄蒲郡線蒲郡駅から徒歩約15分　車東名高速道路音羽蒲郡ICからオレンジロード経由で約15分　Pあり

深海生物種は日本一

蒲郡には、遠州灘や熊野灘に出かけて深海性生物を水揚げする漁港があるため、竹島水族館の深海生物展示は豊富だ。とりわけ世界最大のカニ、タカアシガニは有名で、竹島水族館が他の水族館への供給元になっているほどだ。

これこそ唯一の強みと館長が決心したのが、深海生物の展示を増やすこと。今では深海生物の展示種類は日本一をキープし、タカアシガニは飼育中世界最大級の3m超えを常に展示している。

ここではふれあい体験でさえ、なんと深海生物にタッチングが可能。触れるのをためらうような、オオグソクムシやらイガグリガニやらがてんこ盛り。さらに巨大タカアシガニとだって握手できるのだから、大人でも試したくなる。

こうしてあっという間に集客3倍の人気水族館になり、さらに近頃ではスタッフが考案したトンデモ土産があまりに面白くて、連日品切れの大ヒット。古くてもお金がなくても増客できると、今や全国各地の小さな水族館が目指す星として注目を集めているのだ。

動物園で初めて水族館展示を取り入れた

ホッキョクグマのシュワッチ！　おやつの時間にプールに飛び込む姿と泳ぐ姿は、日本初の展示だ

亜南極ペンギンのジェンツーとオウサマ

ペンギンのプールは長くて見応えがある

水塊度	★
ショー	
海獣度	★★★
海水生物	
淡水生物	

NON HOI PARK

のんほいパーク
豊橋総合動植物公園

HP YouTube

愛知県豊橋市

一日楽しめる極地動物園

のんほいパークの極地動物館は、ホッキョクグマ、ペンギン、アザラシの展示施設だが、その規模は小・中サイズの水族館に匹敵する。実はここ、旭山動物園より先に水族館的な展示を取り入れた初めての動物園なのだ。

人気の中心は、オウサマペンギンたちがいる亜南極ペンギンの水槽だ。プールの面積がとても広いのが魅力で、遊び好きで活発なジェンツーペンギンが群れをなして泳ぐ姿は壮観だ。また岩の上にはミナミイワトビペンギンがいる。

ゴマフアザラシの展示も興味深い。メイン水槽の前にある大円柱水槽は不思議な水位で、アザラシがやってきて目の前まで浮上する。さらにホッキョクグマの水中遊泳は、のんほいパーク最大の見所で、飛び込む時の姿はまるで空飛ぶウルトラマンだ。一日2回のご飯タイムに潜るので、時間の確認をしておきたい。

水中のゴマフアザラシ。ここではかつてラッコも飼育されていた

大水槽と繋がった不思議な水槽。ここは動物園では、先進的に水槽を取り入れた

Information

のんほいパーク 豊橋総合動植物公園

☎0532-41-2185

愛知県豊橋市大岩町字大穴1-238

営9:00～16:30　※入園は閉園の30分前まで　休月曜日（祝日の場合は開園し翌日休）、12月29日～1月1日　料大人600円、小・中学生100円　電JR二川駅から徒歩約6分　車東名高速道路音羽蒲郡ICまたは浜松ICから約60分　Pあり

沈船の金貨を守るのは刺毒魚ミノカサゴ、という設定らしい

ファンタジーっぽいが、木曽川の流域を表している。手前の水槽には紅白の色鯉もいる

大水槽には巨大な浦島太郎が！さらにこの奥には超巨大な乙姫の顔オブジェがある。ますます普通の水族館ではない

水槽上の映像を使ったレクチャーショーがある

東海

水塊度	★★
ショー	★
海獣度	
海水生物	★★★
淡水生物	★

SEA LIFE Nagoya

シーライフ名古屋

HP YouTube

愛知県名古屋市

空想世界を水族館に融合

沈船の中にいるという設定のギャラリー。足下に穴が開いている風のアクリル床。浮遊感が半端なくある

新しいタイプの水族館

今まで日本にはなかったタイプの水族館が誕生した。レゴランドに隣接したシーライフ名古屋だ。

シーライフは世界中の都市で、40を超える水族館を手がける英国企業による水族館の名称だ。主に欧米に多いため日本人の自然観とは違うのと、そもそもレゴランドに併設する施設だ。それは私たちになじみのある水族館と違うのは当然だろう。

水槽内に巨大なレゴでできた潜水艇が入ってるのは想定内。しかし、木曽川に色鯉が泳ぎ、水槽内に沈没船の金貨があふれ、クライマックスの大水槽の中では、ウミガメに乗った浦島太郎と巨大乙姫が待っていたのには驚いた。

海に空想世界を持ち込む演出は、海をよく知る日本の大人には違和感がいっぱいだが、子どもの空想世界にはマッチするのかもしれない。小さなお子様連れは、試して欲しい。

Information

シーライフ名古屋

☎050-5840-0505

愛知県名古屋市港区金城ふ頭2-7-1

㊋10:00～17:00　※曜日・季節によって異なる　㊡無休　※臨時休館あり　㊕大人1700円、こども1300円　㊪名古屋臨海高速鉄道あおなみ線金城ふ頭駅下車すぐ　㊌伊勢湾岸自動車道名港中央ICすぐ　Ⓟあり

サンゴ礁のコーナーにて
ヨスジフエダイの群れ

キサンゴの群生の美しさは、ハイレベルな飼育技術による

地元で人気の地域水族館

回遊水槽の青色が美しい。三河湾の魚の群れを中心とした展示にリニューアルされた

日本唯一の展示、ホライモリ。クロアチアの地下鍾乳洞に住む。現地名はドラゴンズ・ベビー

HEKINAN SEASIDE AQUARIUM

碧南海浜水族館

HP f

愛知県碧南市

愛知三重岐阜の川にだけ生息する天然記念物のネコギギ。稀少な展示だ

水塊度	★★
ショー	
海獣度	
海水生物	★★★
淡水生物	★★★

充実のコンパクト展示

矢作川が三河湾にそそぐ碧南《へきなん》市。この水族館は地元住民のための施設だが、実に充実している。水族館の中心となる回遊水槽には、普段の食卓に上がるマアジやマダイが群れをなす。そこから、暖流系の様々な姿の魚たち、サンゴ礁の生物へと続き、さらに深海の冷水系まで、日本を取り囲む海を全て表している。展示が珍しいアブラボウズを発見して心が躍った。

しかし真骨頂はここからで、地元の野間海岸の景観展示を筆頭に、アマモ場など様々な水中環境を展示。さらには矢作川に関わる展示では植栽にも配慮し、細かいところまで手が込んでいる。

また、洞窟性サンショウウオのホライモリの展示の関係で、両生類の展示にも力を入れている。屋外にはビオトープエリアもある。地元民でなくとも十分に満足のできる展示内容だ。

地元の海岸風景を再現した展示に歓声が上がる

Information

碧南海浜水族館

☎0566-48-3761

愛知県碧南市浜町2-3

営9:00～17:00　※入館は閉館の30分前まで　休月曜日（祝日の場合は開館し翌日休）、12月29日～1月1日　料大人（高校生以上）500円、小人（年中以上）200円　電名鉄三河線碧南駅から徒歩15分　車知多半島道路阿久比ICから約25分、東名高速道路岡崎ICから約1時間　Pあり

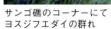

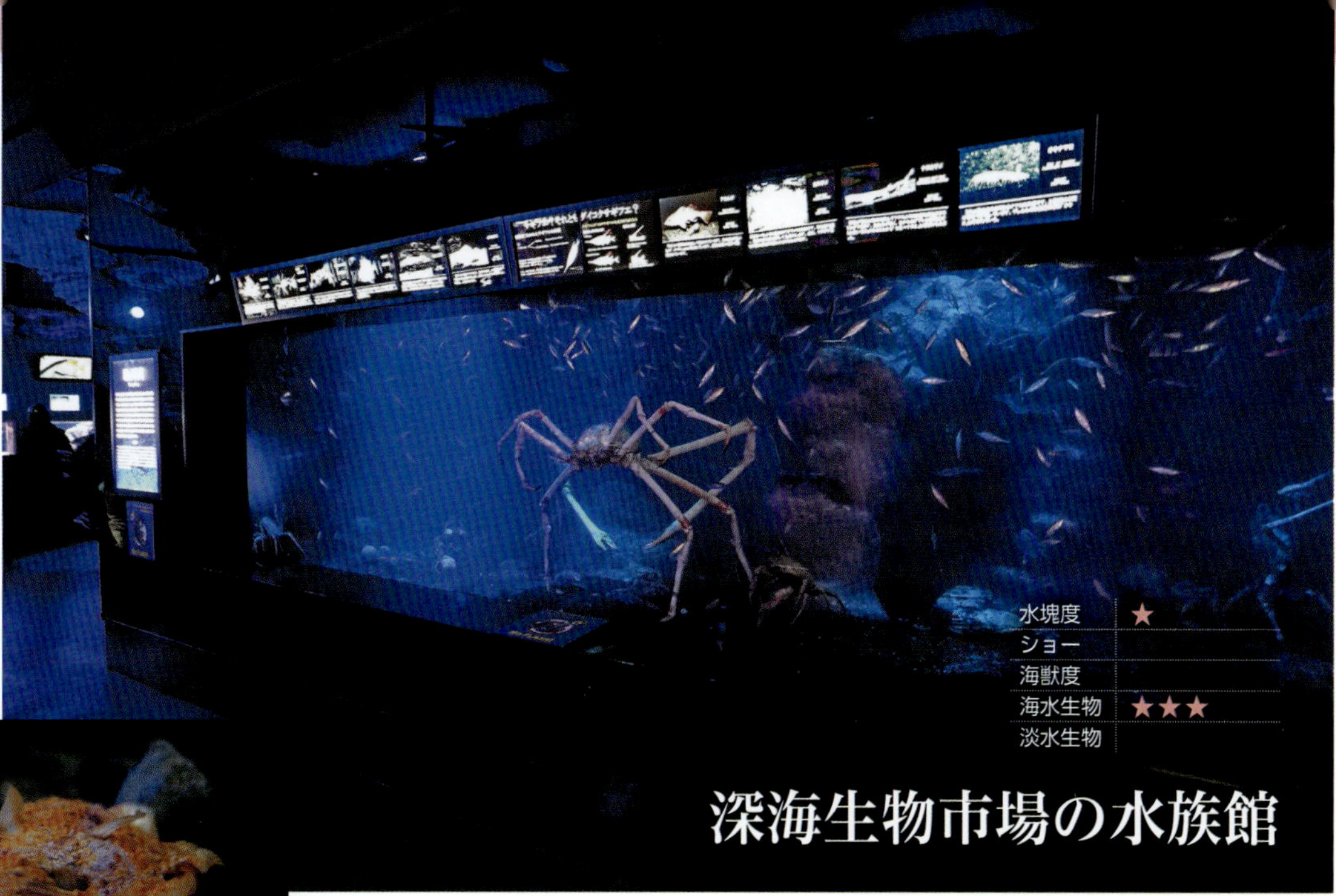

水塊度	★
ショー	
海獣度	
海水生物	★★★
淡水生物	

深海生物市場の水族館

日本一深い湾として知られる駿河湾の大水槽。深海生物展示のほとんどが駿河湾で漁獲された生物で成り立っている

珍しいメンダコ。深海漁が盛んで次々漁獲されるため会える率は日本一高い

Numazu Deepblue Aquarium

沼津港深海水族館

HP YouTube f

静岡県沼津市

深海エビはとても美味。その代表的なボタンエビ。周辺の飲食店のメニューにもある

アブラボウズ、成長すれば深海の巨大魚となる

深海のイソギンチャクの群生。中層にツボダイ、底にはコシオリエビの仲間がいて、絵画のような世界観

日本一深い駿河湾

沼津港といえば沿岸漁業の基地として美味しい水産物が食べられるイメージが強いが、実はこの地でグルメとして名高いのは深海魚料理だ。そんな深海魚を食べさせてくれる市場食堂が集まる真ん中に、深海生物展示を得意とする水族館がある。

ところで沼津港で深海生物の水揚げが多いのには理由がある。伊豆半島の西側に日本で最も深い駿河湾が、最大水深2500mまで急深に広がっているからだ。深海生物の輸送や飼育は難しいが、目の前で水揚げされる地の利によって、長期飼育が困難なメンダコなどレアな深海生物がほぼ常時展示されている。

市場で買ったり食べたりした命の、生きている姿に感謝することができるのは、市場の水族館ならではの大切な楽しみ方だ。

Information

沼津港深海水族館

☎055-954-0606

静岡県沼津市千本港町83番地

営10:00～18:00　※季節によって異なる　休無休　※臨時休館あり　料大人1600円、小・中学生800円、幼児（4歳以上）400円　電JR東海道線沼津駅からバスで約15分「沼津港」下車すぐ　車東名高速道路沼津ICから約20～30分　Pあり（近隣駐車場を利用）

日本最大の淡水水族館

川のある生活、日本の原風景を再現する。長良川の中流域の川の中を、水面上の景観とともに見せる展示だ

長良川の源流を再現。山からの細い滝が集まって川になる

河口にはベンケイガニなど干潟のカニがいっぱいいる

長良川と言えばアユ。鵜飼に鮎料理にと長良川で外せない魚だ

水塊度	★★
ショー	★
海獣度	★
海水生物	★
淡水生物	★★★★★

Aquatotto Gifu

世界淡水魚園水族館 アクア・トト ぎふ

HP f 岐阜県各務原市

長良川の発見を楽しむ

アクア・トトぎふは木曽川のほとりにある水族館だが、展示テーマはお隣の長良川《ながらがわ》。その理由はおそらく長良川が源流から河口まで岐阜県内に収まっているからだろう。展示も長良川の源流から上流、中流、河口まで、それぞれ実在する場所を想定している。自然再現も見事だが、人の手が入った石垣や民家の再現が素晴らしい。

ここでは、生き物の種類を見分けるよりも、命を育む川に感動することに意味がある。深い淵に泳ぐサツキマスを見たとき、下流域の水槽でクサガメを見つけたとき、赤腹のイモリがタニシの背中に乗って、天下を取ったみたいな顔をしたのを見かけたとき、思わずカメラのシャッターを押していた。どれもありふれた生物なのだけど、自らの新鮮な発見に心を揺さぶられたのだ。

つまりここの展示水槽たちは、「長良川をできるだけ自然に近く切り取ってきました。だからみなさん自分自身に心地よい発見をしてください」と、ただ懐を深くして待ってくれているのだ。

用水路の水草の景観。タナゴの仲間が集まっている

長良川の深い渕、冷たい青色に吸い込まれそうになる

大陸のカエル、チョウセンスズガエル。腹面は赤い

ピラルクーやコロソマなどアマゾンの巨魚たちが広々とした水槽を悠々と泳ぐ

コンゴ川で使われている魚を捕る仕掛けが水槽の奥にある。手前にいるのは川のフグでテトラオドン・ムブというらしい

Information

世界淡水魚園水族館 アクア・トト ぎふ

☎0586-89-8200

岐阜県各務原市川島笠田町1453

営9:30～17:00、9:30～18:00（土日祝）　※延長開館あり　※入館は閉館の1時間前まで　休無休 ※臨時休館あり　料大人1500円、中・高校生1100円、小学生750円、幼児（3歳以上）370円　電JR・名鉄岐阜駅から「川島松倉」行きバスで約30分「川島笠田」下車、徒歩約15分　車東海北陸自動車道岐阜各務原ICから約10分、東海北陸自動車道川島PA／ハイウェイオアシスから徒歩すぐ　Pあり

メコンオオナマズの数がとても多い

世界に広がる淡水の世界

長良川の展示を下りきると、世界の川のゾーンへと入る。長良川を存分に楽しんだ後は、外国の川などデザートのようなものだが、特上クラスの贅沢なデザートにつくり込んであるから、こちらもゆっくりと楽しみたい。海外の大河には大型魚が多いため、魚も水量も見応えがたっぷりだ。

アジア、アフリカ、南米と、それぞれ味付けを異にしたゾーン分けがなされている。今まで水族館で淡水魚の展示といえば、「アマゾンの巨大魚」のワンパターンだったのが、近年アクアリストたちの注目度が一気に高まっているアフリカのコーナー、中国の川やマングローブまで取り入れたアジアの展示が目新しい。とりわけ、メコンオオナマズの巨体と数には驚くだろう。ここまで力を入れた展示は他にない。

筆者としては、コンゴ川の漁の仕掛けが水槽の中に沈められているのが気に入った。川は世界中のそこかしこで人々の暮らしを支えているのだ。

入り江を仕切った自然の海でのイルカショー。その海に浮いたアメージングシートは、観覧者の頭の上をイルカが越えて飛ぶ、日本で唯一の観覧席

日本で唯一の水中アシカショー。しかもトレーナーはエサを持っていない！

イルカショーは入り江とプールの2カ所で行われる。入り江はトレーナーも海に入り豪快だ

水塊度	★★
ショー	★★★★★
海獣度	★★★
海水生物	★★★★
淡水生物	★

海獣たちとのアメージングな出会い

Shimoda Aquarium

下田海中水族館

静岡県下田市

入り江を活かした水族館

伊豆半島下田の美しい入り江を囲むように、下田海中水族館はある。この入り江にはバンドウイルカとハナゴンドウが飼育されていて、来館者がビーチに入り、イルカに触れたり、一緒に泳げるプログラムがあって大人気だ。

入り江には、巨大な円形船「アクアドーム・ペリー号」が浮かんでいる。桟橋でペリー号に渡れば、中には伊豆の海を再現した大きな水槽があり、ダイバーの解説や給餌が行われる。

この大水槽での人気者は超巨大なホシエイとマンボウだ。マンボウは通常単独で飼育されるが、ここでは他の魚たちと同居。さらにエサも潜水で給餌される。また水槽の裏の窓からはサメたちが隠れている洞穴を覗ける。

入り江で行われる開放的なイルカのショーで最近大人気なのが、海に浮かべられたその名もアメージングシート。イルカが頭上を超えてジャンプするのだ。まさにアメージング！ イルカ好き、スプラッシュ好きがこのシートを目指してやって来る。

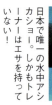

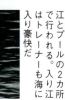

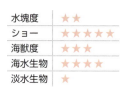

アザラシ館のゴマフアザラシ。給餌解説もある

キサンゴの花畑とサクラダイの群れは、伊豆の水族館の定番

ダイナンウミヘビ。伊豆周辺の魚種をしっかり展示

ハマクマノミとイソギンチャク。これも伊豆の海で見られる

ペリー号の大水槽で最大の生物は巨大なホシエイ。一番の人気者でもある

ペリー号の中、海に浮かぶ大水槽は1600トンもある。マンボウが他の魚たちと同居しているのは珍しい

フンボルトペンギンのウォーキング。プールの回りの専用小道を歩く。隣にはオウサマペンギンもいる

Information

下田海中水族館

☎0558-22-3567

静岡県下田市3-22-31

営9:00～16:30　※季節によって異なる　休12月に4日間の休館あり　料大人(中学生以上)2100円、小人(4歳以上)1050円　電伊豆急行線伊豆急下田駅から定期バスで約7分　車東名高速道路沼津ICから約65km　Pあり

夢のようなアシカ水中ショー

いわゆる水族館としての機能は、陸地にある。カワウソやペンギンの展示からアザラシ館、魚類などを展示するシーパレスを通って、カマイルカとアシカのショーがあるマリンスタジアムへと続き、展示生物は充実している。

中でもアシカショーは、未だここでしか見たことがない、ダイバーとの水中ショーだ。アシカ本来のフィールドである水中ショーは優雅で美しく、それだけでも感動するのだが、驚いたことにショーの途中でアシカにお約束のご褒美エサを与えないのだ。なんと最後までエサなしで、ダイバーと息の合ったショーを行った。そんなアシカは、世界中でここにしかいないだろう。

地元の海の展示では、地元で深海漁が行われているとあって、深海生物の展示がとても多い。深海魚の赤系色の多さと美しさに、きっと驚かされるだろう。下田で発見された新種のサメもいる。

自然たっぷりで、ショーもふれあいもたくさん、一日楽しむことができる水族館だ。

大水槽の王様コブダイ。長い水槽の端から端へとゆったり泳ぎながら目をギロギロさせる。ときおりこちらを睨んでくる

大人がノセられる、ふれあい水槽での解説イベント

キサンゴの幻想的な庭に、どや顔のオキゴンベ

水塊度	★★
ショー	★★★
海獣度	★★
海水生物	★★★★
淡水生物	★★★

サンゴイソギンチャクのお城には、ヤマブキベラ

Awashima Marine Park

あわしまマリンパーク

HP f 🐦 静岡県沼津市

カエルの展示日本一！

美しくそびえる富士山を望む西伊豆の海に、ぽかりと浮かんだ富士山の子どもみたいな形の小さな島がある。これが淡島《あわしま》。そして、ここに水族館がある。島には船で渡る。専用の船でしか行けない水族館は全国でここだけだ。

イルカショーは海を仕切ったイケスで行われ、アシカショーも海を背景にしたプールで、いずれも天気がよければ富士山を眺めながら観覧できる。

全国に誇る特別な展示もある。それがカエル館。1コーナーではなく独立している。展示種類は日本一。常に50種以上をキープしているから、見たこともない不思議なカエルたちがいっぱい！

意外と可愛いものも多く、カエル嫌いでもきっと好きになれるはず。カエルたちに挨拶しているうちに、次第に目がカエル視点に。カエルを見るだけで世界一周した気分になったのには驚いた。

地元採集なのにレア生物

さて水族館棟、スタッフが胸を張って、「淡島周辺で採集した生

アシカとアザラシによるショー。ステージと観客席の間に柵はなく、目の前にやって来る。それだけでちびっ子は大興奮だ

圧巻の巨体で目が釘付けになったアフリカウシガエル

カエル館は日本一のカエルの展示を誇る。背中で子育てをするピパ

晴天なら富士山が近くに見える、海のイルカショー

Information

あわしまマリンパーク

☎055-941-3126
静岡県沼津市内浦重寺186

営9:30～17:00　※入園は閉園の1時間半前まで　休無休　料大人(中学生以上)1800円、小人(4歳以上)900円　電JR沼津駅から大瀬崎方面バスで約30分「あわしまマリンパーク」下車すぐ　車東名高速道路沼津ICから約40分　Pあり

駿河湾の深海生物も豊富。日本唯一展示が自慢のヒゲキホウボウ

物だけを展示しています!」という潔さだが、他の水族館と比べても遜色のない種類数だ。

伊豆には黒潮の流れに乗って、南の海からカラフルな生物たちがたくさん流れてくる。死滅回遊魚といって、流れ藻について北上してきた卵や稚魚が、流れ着いた沿岸で成長する。でも冬の寒さは越せずに死んでしまうから死滅回遊魚。水族館ではそれらを採集して展示しているため、沖縄の海のようにとてもカラフルなのだ。

そしてもちろん、日本一深い駿河湾の、豊かな海の生物の展示は見逃せない。特に深海生物は盛りだくさんで、不思議な形の生き物たちについつい夢中になる。

個人的にはカメラを意識して睨んでくる、王様のように振る舞うコブダイに惹かれた。

また、ただ観察するだけではなく、ヒトデやウニなどを触りながら飼育係が説明をしてくれるコーナー「ふれあい水槽」もある。ちびっ子はもちろん、大人の心をつかむテクニックが見事で、そこに居合わせた大人観覧者の全員が、手にウニやヒトデを乗せて喜んでいたことに感動した。

海獣飼育の先駆け的水族館

水塊度	★
ショー	★★★★★
海獣度	★★★★★
海水生物	★★★★
淡水生物	★

自然の岩盤が壁になった館内。伊豆の浅瀬から駿河湾の深海まで、特徴的で美しい生物たちが順番に現れる

セイウチの展示を日本で最初に始めた水族館。40年近く前につくられた水槽だが、全国のセイウチ水槽の基本形になっている

暗い深海で暮らすクルマダイ、巨大な目で光を集める

ムラサキハナギンチャクの妖しく美しい群生。照明が美しい

Izu Mito Sea Paradise

伊豆・三津シーパラダイス

HP f 静岡県沼津市

ラッコとセイウチは日本初

伊豆・三津シーパラダイスは、古くより海獣の展示で有名な水族館。1982年、日本に初めてラッコを入れたのはこの水族館だし、セイウチの飼育もここが初めてだった。日本中の動物園・水族館に今ほどセイウチがいない1977年、巨大に育った2頭のセイウチは動く小山のように感じたものだ。それほど早くから飼育を始めたというのに、セイウチのプールの規模は、今でもトップクラスの大きさで、当時から海獣飼育にかけていた情熱がよくわかる。

この水族館の特徴は、自然の入り江を水族館のプールとして取り込んでいることだ。それどころか館内の壁が山肌そのままであるなど、自然と融合した水族館だ。

水槽展示の方は、伊豆の川から始まり、海は浅瀬から日本一の深さを誇る駿河湾の深海までをなぞっている。とりわけ駿河湾の漁の特徴でもある深海生物の展示は多種多様で目を奪われる。赤い体色が競い合うように華やかで美しく、ビックリ顔のような大きな目の魚、宇宙生物のごとく不思議な

海を仕切ったプールでは、バンドウイルカとトレーナーによる豪快なショーが行われる

ショースタジアムでの、カマイルカのバブルリング。3頭そろっての演技

自然の海でキタオットセイが集団で展示されている。キタオットセイは日本にもいるアシカの仲間で、ここでの飼育数が最大

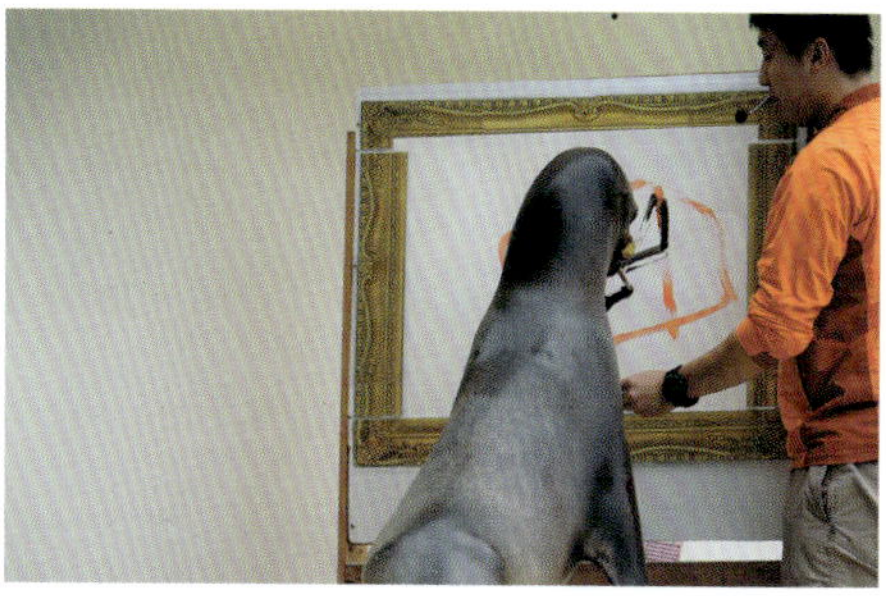

ショースタジアムではアシカショーも。お絵描きアシカはここから始まった

information

伊豆・三津シーパラダイス

☎055-943-2331

静岡県沼津市内浦長浜3-1

営9:00～17:00　※延長営業あり　※入館は閉館の1時間前まで　休無休　料大人(中学生以上)2200円、小人(4歳以上)1100円　電伊豆箱根鉄道伊豆長岡駅から伊豆・三津シーパラダイス方面行きバスで約20分　車東名高速道路沼津ICから約40分　Pあり

自然の海岸で展示されているフンボルトペンギン

形の生物など見飽きない。

多彩なイルカ・アシカショー

入り江ではイルカショーが行われる他、珍しいキタオットセイがコロニーで飼育されている。キタオットセイを展示している施設は珍しく、自然に近い形で見ることができるのは、ここだけだ。

鯨類をはじめとするパフォーマンスも、お家芸だ。鯨類飼育の歴史をたどれば、前身の水族館で70年も前に、日本で初めてバンドウイルカを飼育、加えてなんとミンククジラを飼育した実績もある。現在は、オキゴンドウ、バンドウイルカが入り江で、カマイルカたちがスタジアムでパフォーマンスを見せてくれる。スタジアムでのカマイルカの高いジャンプと、バブルリング天使の輪は必見だ。

アシカたちのパフォーマンスは、心から楽しめる。身を乗り出して見ていた遠足の園児たちが、巨体のトドの吠え声に心底ビビり、アシカの繊細なお絵かきに驚き、引率の保育士先生がその絵を保育園へのお土産にゲットした。海獣たちへの畏敬の念がちびっ子たちの心にずっと残るだろう。

アマゾンマナティーと会えるのは全国でここだけ！　海牛類で最も小柄、つぶらな目がキュート

ワニの種類は多く全て水中から見ることができる

頭上にヨウスコウワニ。ワニをこの角度で見ることができるのはここだけ

クチヒロカイマン、仲良く牙をむき出し。コワ可愛い姿だ！

水塊度	
ショー	
海獣度	★★
海水生物	
淡水生物	★★★

アマゾンマナティーに会える唯一の水族館

Atagawa Tropical & Alligator Garden

熱川バナナワニ園

HP

静岡県賀茂郡

コロソマの大きいのがたくさん。こちらはアリゲーターガーなど巨魚がいる水槽

オレンジ色が美しいアジアアロワナ

ワニのトンネル水槽

日本で唯一アマゾンマナティーに会える。とくれば、たいへん貴重な水族館なのだが、ここは温泉を使った植物園で「バナナワニ園」。名称に違わず、ワニの展示が21種類約200頭と世界一の種類を誇っている。

頭上を見上げるワニのトンネル水槽など、他にはない展示が魅力である。熱帯魚の水槽展示もあって、淡水生物好きの水族館ファンにはたまらない。

さて、アマゾンマナティー、彼に会うためだけでも訪れる価値がある。ブラジルの人でさえこんな風に水中で会うことはない。かつてはこの個体に名前がなかったことから、ホルスタイン柄と最小の海牛類にちなんで、筆者は勝手にチコ・ホルスタ君と名付けていたのだが、ついに名前が付けられた。〝じゅんと〟と言うらしい（でも私はまだチコ・ホルスタと呼んでいる）。

Information

熱川バナナワニ園

☎0557-23-1105

静岡県賀茂郡東伊豆町奈良本1253-10

営9:30～17:00　※入園は閉園の30分前まで　休無休　料大人1500円、こども（4歳から中学生）750円　電伊豆急行線伊豆熱川駅から徒歩1分　車東名高速沼津ICから約65km　Pあり

金魚の種類が多いのはもちろん、金魚は上から見るために品種改良されたという文化を反映した水面上からの視点がいい

白地に赤が日の丸を連想させる日本らしい金魚「丹頂」

愛知県の弥富で生み出された「桜錦」。命名も雅やか

金魚200種を常設で展示

Tokinosumika Aquarium

時之栖 水中楽園 AQUARIUM

HP LINE YouTube f Twitter Instagram

静岡県御殿場市

クラゲは唯一の海水水槽。クラゲコーナーがもうけられている

水塊度	
ショー	
海獣度	
海水生物	
淡水生物	★

金魚アートに加えて、水草レイアウト水槽によるアートも美しい

生きているアート

金魚だけの水族館。正直なところ本書に掲載するかどうか悩んだ。水族館は一般的に自然科学系博物館とされ、展示する生物は野生種のものが主で、人の手で品種改良したものは避けるのが常だった。しかし、自然科学系博物館の枠などナンセンスと主張し、新たな水族館を作り続けてきたのは、水族館プロデューサーの筆者自身でもあるのだ。ここは金魚の文化を展示する水族館として特別に掲載するのが正しいだろう。

200種類の金魚を、一つ一つ見ていけば改めて金魚に懸けてきた人々の心を感じる。ここの展示からは、金魚とは生きているアート作品であることがよく分かる。そして鑑賞しながら筆者自身も「金魚の気持ちを感じよう、もっと美しい角度で撮影しよう」としていることに気づいた。金魚の本当の魅力が少しだけ理解できたように思う。

Information

時《とき》之《の》栖《すみか》 水中楽園 AQUARIUM

☎0550-87-5016

静岡県御殿場市神山719番地

営9:00～19:00　休無休　料大人（中学生以上）1000円、小学生300円　電JR御殿場線岩波駅からタクシーで約10分

車東名高速道路裾野ICから約10分　Pあり

大学に付属する最大規模の水族館

全周アクリルパネルで作られた海洋水槽は、このタイプとしては今でも日本最大。オープン当時には日本一の水塊だった

巨大なリュウグウノツカイの標本。他にも深海生物の標本がいっぱい

巨大なシロワニがゆっくりと巡回する。エイやニセゴイシウツボの大物もいる

水塊度	★★★
ショー	★
海獣度	
海水生物	★★★★★
淡水生物	★★

Tokai University Marine Science Museum

東海大学海洋科学博物館

HP f

静岡県静岡市

上質な「生きた生物図鑑」

海洋学部のある東海大学の研究施設と社会教育を合わせたこの博物館は、1階部が水族館となっていて、古いタイプではありながらも、自然科学に徹したとても上質な水族館となっている。

大学の付属施設と思ってあなってはいけない。エントランスを入ってすぐにど〜んと立ち上がる、深さ6m、1辺10mの海洋水槽は、巨大なアクリルガラスをパネルに使った世界最初の水槽だ。この水族館ができたのは1970年だから、当時は世界一の見事な水塊だった。そして今も全周アクリル水槽としては日本一の大きさを誇っている。

海洋水槽で人気のシロワニは、かなりの巨体に育っていて、水槽をゆっくりと巡回している。その浮遊感に加え、鋭い歯がむき出しの剣呑顔までも間近で見られて、シロワニだけで見入ってしまう。

そもそもこの水族館は、魚を見るための水族館だ。水族館を「生きた生物図鑑」として、楽しんだり興奮したりする人たちにとてもフィットしている。

全ての水槽で魚類の状態がいい。オニカマスの銀色の姿が美しい

教育的展示。テッポウエビとハゼの共生

存在感がすごい大きなアオブダイ

優雅なテンス。水槽には全て水温が表示されている

駿河湾と言えばキンメダイ

サクラダイは、メス→中間型→オスへと性転換する。その過程がここで確認された

Information

東海大学海洋科学博物館

☎054-334-2385

静岡県静岡市清水区三保2389

営9:00～17:00　※入館は閉館の30分前まで　休火曜日（祝日の場合は開館し翌日休）、年末　料大人（高校生以上）1800円、小人（4歳以上）900円、シニア（65歳以上）900円　電JR東海道線清水駅から「東海大学三保水族館」行きバスで約30分、終点下車徒歩約1分　車東名高速道路静岡ICまたは清水ICから約30分　Pあり

クマノミに力を入れ10種類展示。こちらはハマクマノミ

生物と標本に惹きつけられる

展示ゾーンは、教育的要素の強いサンゴ礁の生きものたち、海洋水槽、クラゲギャラリー、相模湾の生き物、クマノミ水族館、となっているが、とりわけ駿河湾の展示は魚種が豊富だ。さらに魚たちの状態がとてもよく、水槽内でずいぶん長生きしている者も多い。あまり魚には興味のない人でも、ついついじっくりと一つ一つの水槽を見てしまう、それがこの水族館の魅力と言っていいだろう。

博物館の眼前は、日本で最深の深さがある駿河湾だ。そのため深海魚の研究が盛んで、標本類が豊富に展示されている。リュウグウノツカイの標本は巨大で美しく、ラブカは研究の成果とともに展示されている。チョウチンアンコウをはじめ壁面全てが標本に覆われた展示も圧巻だ。

2階にはクジラなどの骨格標本や、海の現象を解き明かした博物展示。また水生生物の動きを研究してロボットにした「メカニマル」の展示が面白い。海洋科学博物館の名称はダテではない。

オーバーハングになった大水槽。水中感を感じられ、大人も子どももここでまったり。まったり用のベンチもある

浜名湖の上流の展示から始まる。ニジマスとアマゴ

浜名湖の水族館だからウナギは必須。周辺にはウナギ養殖も多い

2階にも小型の置き水槽がたくさん並び、水辺の小動物たちが展示されている。アマクサアメフラシ

水塊度	★
ショー	★
海獣度	
海水生物	★★★
淡水生物	★★

UXOTTO

浜名湖体験学習施設ウォット

HP YouTube

静岡県浜松市

浜名湖の豊かさを目の前に

東海地区や東日本では珍しいアカメの展示。浜名湖ではアカメの幼魚だけが獲れるのだとか。理由は不明とのこと

ウナギだけじゃない浜名湖

浜名湖と海を繋ぐ水路近くにある弁天島。ここに浜名湖にこだわった展示をしている水族館がある。訪れるまでは子ども学習施設に取って付けたような水族館だろうと思っていたら、大間違い。水深5mの半トンネル型水槽まである立派な水族館なのだ。ちなみに水深5mは浜名湖の平均水深というこだわりよう。

ここにくれば、「浜名湖と言えばウナギ」しか思い浮かばない単純な脳さえも刺激される。高知県で有名な魚アカメが、なぜだか浜名湖に現れるなんてご存じだっただろうか。湖なのにミノカサゴなど海の魚たちがわんさかいるなんてことは？

筆者はまったく知らなかった。いや考えることさえもしていなかった。ウナギの浜松だもの。そんな決めつけをしているアナタにも、ぜひ訪れて欲しいのがこの水族館なのだ。

Information

浜名湖体験学習施設ウォット

☎053-592-2880

静岡県浜松市西区舞阪町弁天島5005-1

営9:00～16:00　※入館は閉館の30分前まで　休月曜日（祝日の場合は開館し翌日休）、12月30日～1月1日　料大人310円（高校生以下、70歳以上無料）　電JR東海道線弁天島駅から徒歩約15分　車浜松駅から約15km　Pあり

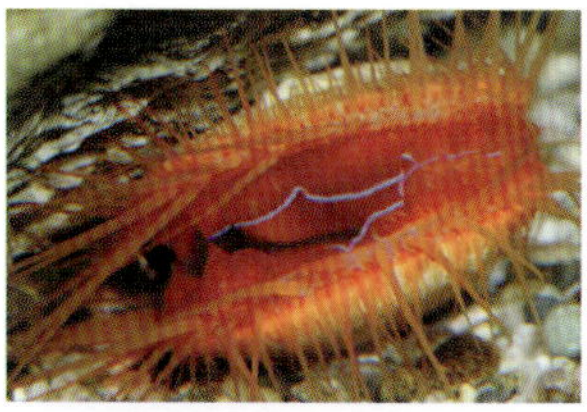

ウコンハネガイ。口の中に稲妻が光るように見える

本物の海女さんが素潜りで潜る。潜水技術にも衣装にも文化財的要素があって見応え十分

マンボウの展示が古くから有名。愛知県・岐阜県・三重県で唯一の展示となる

オウムガイはアンモナイトの化石と一緒に展示されている

海女の文化を展示する民族学水族館

閉館

Shima Marineland

志摩マリンランド

HP

三重県志摩市

水塊度	★★
ショー	★
海獣度	
海水生物	★★★★
淡水生物	★★

かなり大規模な水族館で、ピラルクーなど大型淡水魚もいる。淡水展示ではこの大型水草水槽が最高の癒やし展示

志摩の海にこだわる

志摩マリンランドには、水族の化石と生きた化石生物を同時に展示する「古代水族館」という顔がある。オウムガイの繁殖にも、日本で初めて成功した。またマンボウの飼育に歴史があり、広い水槽に大小のマンボウが優雅に泳ぐ。

しかし、この地域ならではの展示は、大回遊水槽で行われる餌付けだ。なんと本物の海女さんが、ボンベも足ヒレも着けない素潜りで潜るのだ。呼吸時の磯笛の音まで聞こえてくる。白い布の磯着はお手製、ガラスとゴムの丸い磯眼鏡は苦労して探して来ている。海女漁の本場志摩だが、昔のスタイルは姿を消した。その文化をライブな形で保存するのは、水族館としても次元の高いインテリジェンス。本職の海女の潜りを毎日見ることができるのは、全国でこの水族館だけである。

Information

志摩マリンランド 閉館(2021年3月31日)

☎0599-43-1225

三重県志摩市阿児町神明723-1(賢島)

営9:00～17:00　※季節によって異なる　※入館は閉館の30分前まで　休無休　料大人1400円、中・高校生900円、小学生600円、幼児(3歳以上)300円　電近鉄志摩線賢島駅から徒歩約2分　車伊勢自動車道伊勢西ICまたは伊勢ICから約40分　Pあり

究極の柵無し展示と
ふれあい水族館

水塊度	★★
ショー	★★★★★
海獣度	★★★★★
海水生物	★★
淡水生物	★★

大水槽が立体感のある水塊に変身。ギャラリーはウッドデッキ「ごろりんホール」になった。座ったり寝そべったり、冬にはコタツも登場する

ISE SEA PARADISE

伊勢シーパラダイス
伊勢夫婦岩ふれあい水族館

HP You Tube

三重県伊勢市

新たに誕生した「ふれあい魚館」海獣だけでなく魚とも柵無しの画期的展示

ここのワニガメの大きさは国内有数。そのエサから逃れた金魚が同居している

柵なしふれあいを発明

とても古い、さらに正直なところ貧乏な水族館だ。アシカショープールは今どきなんとタイル張り！　人気日本一のツメナシカワウソの展示室でさえ木製の手作り風である。建物全体は相当にくたびれており、アマゾン植物園の温室はボイラーが壊れて止まったままの状態。

しかし、そんな逆境があったからこそ、現場の若いスタッフたちがすごいことをやってのけた。スタッフが考えたのが、ゾウアザラシやセイウチのパフォーマンスを披露する場所がないのなら、お客さんがいる広場をショーステージに使ってしまおう！　という「柵無しふれあいショー」の発想だ。

これには観客も度肝を抜かれた。巨体の野生生物、しかも牙の生えたセイウチが目の前に現れるのだ。ところが海獣たちは観客に危害を与える気配もなく近寄ってきて触らせてくれる。その驚きと感動はクチコミで広がり、一緒に写真を撮るために、遠方からも大勢の海獣好きが詰めかけるようになった。

巨大なトドに泣き出す子続出

ヒレアシ甲子園で優勝した、セイウチの闘魂注入厄払い。客が吹っ飛ぶ！

アザラシをひざ枕できるのもここだけ

イルカはショーでもないのにキャッチボール

カワウソゥ選挙２連覇のツメナシカワウソ、全国のカワウソ握手の元祖はこれ

東海

Information

伊勢シーパラダイス

☎0596-42-1760

三重県伊勢市二見町江580

営9:00～17:00　※季節によって異なる　休無休（臨時休館あり）　料大人1800円、小人（小・中学生）900円、幼児（４歳以上）500円　電近鉄鳥羽駅から「宇治山田駅」行きバスで約12分「夫婦岩東口」下車すぐ　車伊勢自動車道伊勢IC経由二見JCTから約3km　Pあり

再び世界初、タツノオトシゴと握手

距離感ゼロをさらに目指す

この成功はすぐに全国の大水族館に真似られたのだが、伊勢シーパラダイスの猛進撃は止まらない。その後もスタッフの工夫で、癒やしのツメナシカワウソとの握手、恐怖のトドの柵なしショー、など世界初の柵なしふれあい展示を次々と開発。他水族館が真似をしても追いつかない勢いだ。

　さて、ここにまた新たな伝説が生まれた。魚類展示にもふれあいを導入した「ふれあい魚館」の登場だ。例によって極小予算ながら、スタッフの手作りを多用して完成。観覧者の手の上でトビハゼがエサを食べ、タツノオトシゴの尾と握手する、今までにない魚とのふれあい体験が大人気なのだ。

　また、古く暗かった回遊水槽に照明で水塊イメージをつくり、そのギャラリーを寝転べるように改装し「ごろりんホール」と名付けたところ、旅で疲れた大人に大人気でまた増客！

　古くて貧乏な水族館でも、工夫次第で集客数を伸ばせる。そのリーダーは現場だった。他水族館も本当はそこを真似るべきだろう。

飼育生物種日本一を誇る

館内は12の独立したテーマによってゾーン分けされ、それぞれが小型水族館の規模。ここはサンゴ礁に潜るテーマのゾーン

古代の海ゾーン。生きた化石サメ水槽の前の床には化石が展示されている

水塊度	★★★★
ショー	★★
海獣度	★★★★★
海水生物	★★★★★
淡水生物	★★★★★

TOBA AQUARIUM

鳥羽水族館

HP LINE YouTube

三重県鳥羽市

海獣の全てがいる

鳥羽水族館の楽しさは、よそにはいない海獣と会えることにつきる。なんといっても見逃せないのが、鳥羽水族館が世界で初めて長期飼育に成功したジュゴンとアフリカマナティーだ。どちらも海牛類だが、ジュゴンの展示は世界的にも希少。2種類の海牛類がいるのは、世界でもここだけだ。

極地の海には、かつては「鳥羽=ラッコ」のイメージまであったラッコが今も健在だ。ラッコの飼育は日本で2番目だったが、展示の開始や、出産成功は鳥羽水族館が初めてとなった。

同じゾーンにいるバイカルアザラシとイロワケイルカも、鳥羽水族館で日本初の飼育が始まった海獣だ。オタリアがアシカショーに参加したのも鳥羽が最初である。

こんなにたくさんの一番がありながら、セイウチの展示とふれあいショーも取り入れており、海獣自慢ならどこにも負けないだろう。

ただ、最もおすすめだったヒレアシ類の展示は変更された。岩に砕ける波を表現する造波装置を仕込んだヒレアシ類のプールなのだ

人魚伝説のモデルとされる海牛類ジュゴン。鳥羽水族館にはアフリカマナティもいて、どちらも日本唯一

こちらはアフリカマナティ

ミシシッピーワニ。屋上温室には水辺の両生ハ虫類がたくさんいる

アジアアロワナ。熱帯淡水魚だけで中規模の淡水水族館並み

オウムガイ類の飼育は長く、繁殖も200個体を超える

日本の川ゾーンの巨大な人工滝。植栽や苔むした岩の緑が美しい

ラッコは鳥羽水族館のイメージキャラクターだった

が、現在は少し不思議な水上トンネルが付いてしまっている。

徹底した環境づくり

鳥羽水族館のコンセプトは「地球を見る」水族館だ。それゆえに、擬岩をベースに苔を繁茂させる技術や、サンゴ礁に植物を育てる技術の高さに目を見張るだろう。

特に淡水系の展示と、海草とサンゴ礁などを使った展示での環境再現は、他に類を見ないほどの完成度だ。ライブコーラルの大規模展示はここから始まった。

水槽内や館内のいたるところに緑があふれているのも鳥羽流。大きな滝の流れ落ちる「日本の川」のゾーンと、田んぼと小川がそっくり再現された「田んぼ水槽」では、自然そのままに生える植物に感動する。カエルなど水辺の小動物には、苔むした環境が与えられている。難しい説明などされなくても、心を一気に自然の中へと飛ばしてくれる展示である。

鳥羽水族館が現在の新館に移転されたのは１９９４年。世界初の順路の無いゾーン展示を筆者が開発した。気に入った場所を何度でも回って楽しんで欲しい。

伊勢湾のスナメリ。スナメリ飼育はここから始まった

イロワケイルカも日本初展示

フンボルトペンギン

アザラシを見る奇妙な通路

Information

鳥羽水族館

☎0599-25-2555

三重県鳥羽市鳥羽3-3-6

営9:00～17:00　※季節によって異なる　※入館は閉館の1時間前まで　休無休　料大人2500円、小・中学生1250円、幼児(3歳以上)630円　電JR・近鉄鳥羽駅から徒歩約10分　車伊勢自動車道伊勢ICから約15分　Pあり

オオサンショウウオはこの付近の川にたくさん生息している

Akame 48 waterfalls eco-tourism center

日本サンショウウオセンター

水塊度	
ショー	
海獣度	
海水生物	
淡水生物	★★

HP f　三重県名張市

オオダイガハラサンショウウオ。大台ヶ原周辺の固有種

ミツユビアンヒューマ。ウナギに似たイモリ

オオサンショウウオの渓流

三重県名張市の赤目四十八滝は、大小の滝が続く名勝。この谷にオオサンショウウオが棲む。通称ハンザキ、半分に裂いても生きているからというほど生命力が強く、両生類なのに0℃近い水温でも冬眠せず、エサになる魚などが通るとパクっと食べる。

この施設は、国内外の両生類を集めた、サンショウウオ専門のとてもユニークな水族館だ。国内外のさまざまなサンショウウオが一同に会している。入館するには、赤目四十八滝への入山券が必要なので、水族館だけでなく、ちょっと足を伸ばして滝見学も楽しみ、サンショウウオの暮らしを想像してみるといいだろう。

Information

日本サンショウウオセンター 赤目四十八滝

☎0595-63-3004

三重県名張市赤目町長坂861-1

営8:30～17:00、9:00～16:30(12月～3月)　休12月28日～12月31日　料大人500円、小・中学生250円(赤目四十八滝 入山料に含まれる)　電近鉄赤目口駅から「赤目滝」行きバスで約10分　車名阪国道針ICから約30分、上野ICから約40分　Pあり

近畿

滋賀県、京都府、大阪府
兵庫県、和歌山県

海遊館

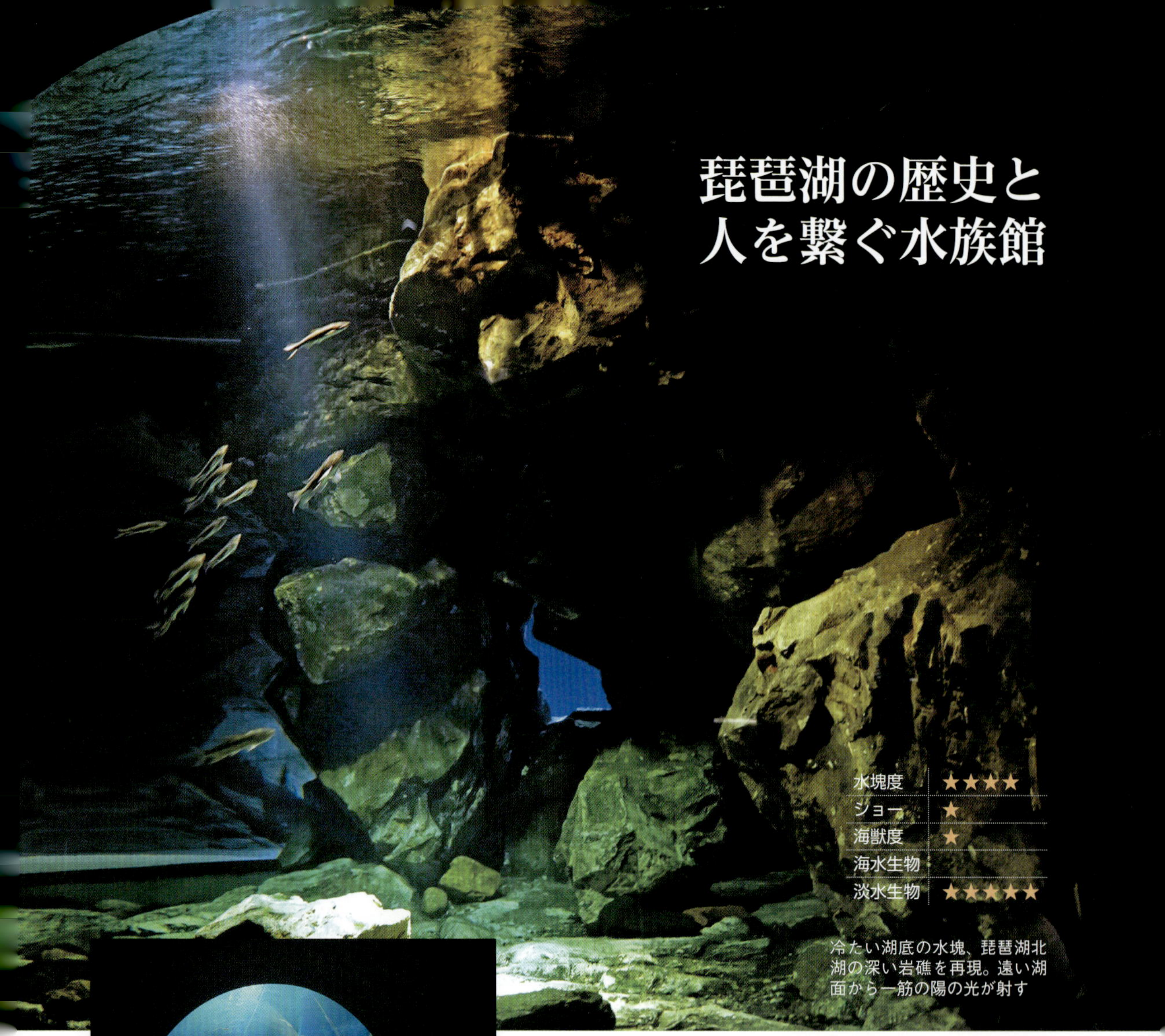

琵琶湖の歴史と人を繋ぐ水族館

水塊度	★★★★
ジョー	★
海獣度	★
海水生物	
淡水生物	★★★★★

冷たい湖底の水塊、琵琶湖北湖の深い岩礁を再現。遠い湖面から一筋の陽の光が射す

琵琶湖の水中を歩くトンネルがエントランス

LAKE BIWA MUSEUM

滋賀県立 琵琶湖博物館 水族展示室

HP YouTube f

滋賀県草津市

ヒトと魚と湖と

日本最大の湖といえば琵琶湖。その湖畔に人が暮らし始めたのが1~2万年前と言われている。その頃からずっと、琵琶湖は人にとって偉大な恵みだったに違いない。その琵琶湖の悠久の歴史、そして人との関係の歴史を展示するのが、ここ琵琶湖博物館だ。

その関係が今も続いていることを実感できるのが、川魚屋の再現展示だ。人と魚の付き合いは、魚を獲り、食べることから始まっている。そして水族館というのは科学系を超えた人文系かつ総合博物館だ。そういう意味で、人の生活を中心に置いたここの展示は、水族館の本来あるべき姿だろう。自然の恵みにすがって生きてきた人の歴史や文化をとらえずに、琵琶湖も魚も語れない。琵琶湖博物館のテーマは「湖と人間のよりよい共存関係」である。

琵琶湖を知りたくなる

琵琶湖の湖畔を借景にしたヨシ原の水槽が美しい。陽の射す水中を見てみれば、緑の水草の中にヨシが茂り、人工物である小さな渡

美しく緑に輝く水塊。琵琶湖の湖面を借景に、琵琶湖沿岸のヨシ原を再現。フナやタナゴの仲間が、ヨシの隙間を縫って泳ぐ。水中に陽が射すとエメラルド色に輝く

ニゴロブナ、名品鮒寿司は子持ちのニゴロブナでつくられる

小鮎、アユが群れを成して泳ぐ展示はここならではの美しさ

琵琶湖の王様ビワコオオナマズ。もちろん固有種

最高に美味とされる琵琶湖の固有種イワトコナマズ

り橋の橋げたが組まれている。

　多くの琵琶湖の魚たちは、増水期に沼やヨシ原で産卵をし、稚魚もその浅瀬で育つが、そこには水田も含まれている。特にナマズやニゴロブナなどは、積極的に水田を利用しているらしい。琵琶湖の魚たちと人はこうして住む場所を同じくして暮らしてきたのだ。

　琵琶湖の著名な魚といえば、一般には日本最大のナマズであるビワコオオナマズや、全国の川に放流されているアユを思い浮かべるだろう。また、人気の郷土料理「鮒《ふな》寿司」の材料となるニゴロブナもそうだ。さらに琵琶湖を海の代わりに川に上るのはビワマス。しかし、他にも琵琶湖水系の固有種は多いのだ。深くて暗い岩礁の水槽は、固有種が多く棲む北湖の岩場である。その吸い込まれるような水槽の前に立つだけで、琵琶湖のことをもっと知りたくなる。

バイカル湖の異次元生物

　実はここの展示には、世界の淡水魚の展示もある。

　琵琶湖と同じ古代湖であるタンガニーカ湖の魚たちは、色鮮やかで、ロシアのチョウザメは水族展

バイカルヨコエビは日本で唯一の展示。キモカワイイと人気上昇中

世界の古代湖のゾーンに増えたバイカル湖のコーナー。主役はここで唯一の哺乳動物のバイカルアザラシ

この館最大の魚類アムールチョウザメ

バイカル湖固有の魚もここだけで見られる。バイカル湖の主要水産魚オームリ

梁（ヤナ）漁を再現した流れる川の水槽。四季折々のバックパネルと共に

川魚専門の魚屋を再現。琵琶湖がこの地域の人々の生活を支えているのがよくわかる

琵琶湖湖畔へと向かう「樹冠トレイル」が新設された

示中最大の生物だ。

　そこに新たに加わったのが、世界最深を誇るバイカル湖の展示である。バイカル湖が琵琶湖と同じ古代湖であるということで、バイカル博物館との学術交流によって実現した。

　本水族館初の海獣展示であるバイカルアザラシをはじめ、日本唯一であるバイカル湖固有の生物たちの展示は貴重かつ見応えがある。蟲系バイカルヨコエビはもちろん、魚類の姿形も異次元感覚で一見の価値ありだ。

Information

滋賀県立 琵琶湖博物館

☎077-568-4811

滋賀県草津市下物町1091

営9:30～17:00　※入館は閉館の30分前まで　休月曜日（祝日の場合は開館し翌日休）、年末年始、その他臨時休館あり　料大人750円、高校生・大学生400円、小・中学生無料　電JR琵琶湖線草津駅から「びわこ博物館」行きバスで約25分「びわこ博物館」下車すぐ　車名神高速道路栗東ICから約30分または新名神高速道路草津田上ICから約35分　Pあり

入館料わずか300円でまさかのこの巨大水槽！　全館では200種の生物が展示されている。巨大なホシエイが歓迎してくれた

キュートすぎるイガグリフグ。水族館で初めて会った

ミノカサゴはこの館のマスコットキャラクターなので愛想がいい

電力会社研究所の水族館

近畿

閉館

Uocchikan

丹後魚《うお》っ知《ち》館

HP　京都府宮津市

水塊度	★★
ショー	★
海獣度	★
海水生物	★★★★
淡水生物	★★

大水槽の裏側で、2尾のアカメを中心にスズキとバラフエダイが一列になってご挨拶

低料金なのに充実の大水槽

京都府丹後の、関西電力宮津エネルギー研究所にある水族館。料金は大人がわずか300円という安さ。油断して入ると、迫力の大水槽と充実の展示にきっと驚かされるだろう。

豊かな水産資源を持つ丹後周辺の生物を中心に、北海道の冷たい海からサンゴ礁の海、さらに深海に至るまで展示されている。メインとなっている大水槽は、青い動く壁画を見ているような雰囲気でとても落ち着く。ソファーに座って、巨大なエイやタマカイを眺めながらくつろぐ観客が多く、お子様向けに思われがちだが、大人が水中感を楽しむのにも不足はない。

屋外には、アザラシとペンギンのプールがあって、ショーも開催。ザブザブ入れる広いタッチングプールもあり、こちらは元気なちびっ子に大人気だ。

1日2回の給餌タイムは、アザラシの姿が最もよく見える

300円なのにアザラシやペンギンまでもいて、嬉しい限り

Information

丹後魚っ知館 閉館(2023年5月30日)

☎0772-25-2026

京都府宮津市小田宿野1001

営9:00～17:00　※入館は閉館の30分前まで　休水曜日・木曜日(祝日の場合は開館し翌日休)、12月29日～1月3日　料大人300円、小・中学生150円　電北近畿タンゴ鉄道宮津駅からタクシーで約15分　車京都縦貫自動車道宮津天橋立ICから約20分　Pあり

古都に現れた不可思議水族館

古都京都でのイルカショーというだけでも不思議ファンタジーだが、劇場型イルカパフォーマンスと名付けた演劇ショーでさらに攻めている（2019年春時点）

水塊度	★★★
ショー	★★★
海獣度	★★★★
海水生物	★★★★
淡水生物	★★★★

Kyoto Aquarium

京都水族館

京都府京都市

ペンギンはいつも陸上か水面に浮いている。水中の姿はエサの時間が狙い目

オットセイが水中で自由自在に身をくねらせる。明るい水中が涼しげだ

古都に現れた最新の水族館

古都京都のど真ん中に海がこつ然と現れた。しかも、イルカショーがあり、広々としたプールを泳ぐオットセイやペンギンなどが展示される本格的な総合水族館だ。日本人の水族館への並々ならぬ関心と、水族館人気を狙った飽くなき商魂によって生まれたのが京都水族館と言っていいだろう。

もちろん内陸にある水族館として、しっかりと地元の川や自然を取り上げた展示がある。とりわけ入館してすぐの「京の川ゾーン」の展示は十分なスペースが割かれており、力が入っている。京都を流れる鴨川と由良川という清流を再現し、上流部では石清水からはじまる渓流の流れを再現、細部にまで凝った川の展示が素晴らしい。由良川の展示は水位の高い水槽となっていて、半水面の川の水槽としては見やすくなっている。

ところで鴨川の上流展示での主人公は、京都の河川に棲む世界最大の両生類オオサンショウウオだ。京都水族館では、日本最多の展示数を誇っており、今やこの水族館の顔でもある。

京の海大水槽。京都府にも日本海の海岸線がある

京料理に不可欠な「ぐじ」はアカアマダイ

京都の川の源流は丁寧につくられている

サンゴ礁の生き物、クマノミとイソギンチャク

京都水族館の顔となっているのがオオサンショウウオ。数は日本一

うねうねと動くニシキアナゴの林

Information

京都水族館

☎075-354-3130
京都府京都市下京区観喜寺町35-1（梅小路公園内）
営10:00～18:00　※季節によって異なる　休無休
料大人2050円、大学・高校生1550円、小・中学生1000円、幼児（3歳以上）600円　電JR京都駅から徒歩約15分　車公共交通機関を推奨　Pなし

京の里山ゾーンでは、棚田を再現して人と自然との関わりを表している

海獣たちに惚れ直す

「京の海」と名付けられたエリアでは、アマダイやハモなど京の食にちなんだ展示がいい。ただし大水槽はあまりに暗くしすぎて細部が見えず、うっすらと魚影しか見えないのが残念。せっかくの水塊を失ってしまった印象だ。

この水族館での一番魅力的なのは海獣たちのいるゾーンだろう。明るい広々としたプールを、遊び好きなミナミアメリカオットセイたちが縦横無尽に泳ぎ遊び回る。ゴマフアザラシも、観覧者の顔をのぞき込んでは愛嬌を振りまく。だれもが海獣たちの魅力にはまってしまうはずだ。

ペンギンたちにも広いプールが与えられている。水中のペンギンもいいが、陸部では人馴れしたペンギンが観覧者の目の前に来て遊んでくれる。

そしてイルカパフォーマンス。日本で最も内陸で見ることができるイルカたちで、ショースタジアムの背景がすごい。梅小路公園の緑の向こうに新幹線が走り、さらに東寺の五重塔が立つ。いかにも京都のイルカショーなのだ。

はるか頭上にジンベエザメ。地下鉄駅から徒歩10分でジンベエザメに会えるのはここだけ。都会にはあり得ない巨大水塊に癒やされる

ジンベエザメが泳ぐ都市型巨大水族館

上階層からはジンベエザメの背中、甚兵衛模様が見られる。様々な角度から観察できるのが魅力

水塊度	★★★★★
ショー	★
海獣度	★★★★
海水生物	★★★★★
淡水生物	★★★★★

Osaka Aquarium KAIYUKAN

海遊館

大阪府大阪市

HP YouTube

環太平洋生命帯

海遊館は、大阪天保山に建つ巨大な水族館だ。総水量1万1000トンの半分を締めているのが、中心に置かれた十字型の太平洋水槽で、5400トンもの水量を誇る。まさに水の巨大な塊といえる。そんな水槽が入る建物だから、尋常な大きさではない。とりわけ地上からの高さが他の水族館とは比べものにならないほどで、なんと8階建てとなっている。

この建物のつくりを活かした順路は独特で、まず一気に最上階に上がり、そこから太平洋の水槽の周りをグルグルと回って降りてくる。つまり、同じ水槽を表層から底の方へと、何度も巡りながら降りていく。海を深く深く潜っていくような感覚を体験できる順路となっているのだ。

魚たちの個性を様々な角度から

何度も同じ水槽を見て何かいいことあるのか？ 水族館の水槽としては特別といえるほど深い9mの深さも、自然の海ではほんのわずかな水深で、水槽内の生物たちならば一瞬で行き来できる距離で

イトマキエイ。マンタやオニイトマキエイとは種類違いで同じ仲間という点が、魚好きマニアの心をくすぐるポイント

浮遊感たっぷりなイカの展示

チリ沿岸を表しているカタクチイワシの群れ。キラキラと輝く群れは躍動する水塊として美しい

カマイルカたち。ビルの中なのにイルカが泳いでいることに驚く。海遊館は規格外の水族館ビルなのだ

日本海溝のゾーンでひときわ目をひくタカアシガニ。たくさんいる

南極大陸エリアで、水中を泳ぐアデリーペンギン

アシカプールの深さは他館にはなく特別仕様で、本当の海でアシカと会うのと同じ感覚になれる。気が向くと観覧者と遊んでくれる

しかない。

　しかし、水生生物好きの観覧者の目には大きな意味がある。例えば、9mの深さを上から下まで歩けば、本州、特に都会では極めて珍しいジンベエザメやイトマキエイを、見たい角度のどこからでも見ることができるからだ。例えば、ジンベエザメを見下ろせば、名前の由来となった甚兵衛模様の背中を観察することができる。中層では顔と目を間近で観察することができる。下から見上げれば、一反木綿のような白く広い腹側を見ることもできるというわけだ。

　また、魚たちにはそれぞれに好きな居場所がある。銀色に輝くグルクマは、一様に口を開き、群れを成して中層部を泳ぐ。タマカイやエイの仲間は、少し暗い海底にドンと居座って上空を見上げる。たった一つの水槽に、魚社会の秩序が見えてくる。

水中世界の三次元を実感

　太平洋の大水槽をぐるっと取り囲んで配置されている展示水槽もやはり、深さが魅力だ。アシカやイルカを水族館のショーでしか見たことがないと、彼らの水中での

新体感エリアという新設ゾーンのワモンアザラシ。天井から水槽が飛び出ている。周囲には冷たい北海の生物展示

ワモンアザラシの下には、冷たい北海の生物たちの展示がある

新しく改修されたクラゲ展示「海月銀河」は水槽アートの世界

水族館では珍しく夜8時までオープンしている。夕方から照明が青く落とされて幻想的な海になる

Information

海遊館

☎06-6576-5501

大阪府大阪市港区海岸通1-1-10

営9:30～20:00　※季節によって異なる　休不定休　料大人2300円、小・中学生1200円、幼児(4歳以上)600円、シニア(60歳以上)2000円　電大阪メトロ中央線大阪港駅から徒歩約5分　車阪神高速4号湾岸線天保山ICからすぐ　Pあり

姿を忘れてしまうが、本当の生活圏は海中だ。彼らが水面下でハツラツと下降上昇を行っている様子が観察できて楽しい。

　そう、空を飛べない私たちが水平方向の移動だけで生きているのに対し、水中世界というのは、上下の方向にも、当たり前のように世界が広がっている。海遊館では、そんな海の世界の空間的な広がりや開放感を知らず知らずのうちに実感できるのだ。

　1年間を通して夜8時まで開館しているのも魅力だ。夕方からは水槽照明がガラリと変わり、幻想的な水中感に包まれる。その瞬間、館内はまったく別の世界となる。水塊感は昼よりも高まり、夜を推すファンもいるくらいだ。

　海遊館の頭に今も付いたままの「世界最大級」の言葉は、何をもって最大級と言えるのか実に謎だが、30年前は確かにそうだった。最近では、新たに「新感覚エリア」としてワモンアザラシを天井から覗かせる世界初の見せ方を開発した北極圏エリア、クラゲだけでなく水槽も浮遊させるように見せた海月銀河ゾーンなど、増築やリニューアルに積極的だ。

動物たちの生きざまを知る水族館

水塊度	★★★★
ショー	★★★★
海獣度	★★★
海水生物	★★★★★
淡水生物	★★★★★

Suma Aqualife Park

閉館

神戸市立 須磨海浜水族園

HP f 🐦 ◎

兵庫県神戸市

大水槽の岩礁に集まったロウニンアジ。この水槽での主役たちだ

巨大水族館時代の先駆け

須磨海浜水族園は1987年に建て替えオープンした旧須磨水の歴史を受け継ぎつつも、最新の技術と工夫により、現代も使われるさまざまな展示手法を開発した。平成の巨大水族館時代の先駆けとなった水族館なのだ。

しかし筆者が注目するのは、水族館に哲学を持たせ、世に問うた日本初の水族館であったことだ。開館当初の館長の「この水族館は魚たちの生きざまを見せるので〝生きざま水族館〟です」との熱弁を思い出す。〝生きざま〟というのは、取って付けた展示テーマではなく「哲学」なのだ。

それを強く表したのが、さかなライブ劇場である。ハリセンボンがサメに襲われ膨らむ様子、ワニがエサに飛びつく様子などを生公演する。生き物たちの、普段は見られない驚きの能力を実感できるはずだ。

波の下にうごめく生物たち

〝生きざま〟の展示は、エントランス正面に設置された、幅と奥行きの広い大水槽から始まる。巨

生きているサンゴ礁と、そこに集う色とりどりの魚たち。揺れるライブコーラルが水中感を増す

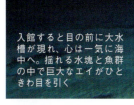

入館すると目の前に大水槽が現れ、心は一気に海中へ。揺れる水塊と魚群の中で巨大なエイがひときわ目を引く

深海のイソギンチャクやサンゴとサギフエ。無脊椎生物の見応えがあるのもこの水族館の特徴だ

ペンギン館のマゼランペンギン。自然感たっぷりの陸地も見どころ

こちらはタツノオトシゴの仲間。次々に様々な海が現れる

筆者お気に入りの、日本一のウミヘビ展示

大な岩場を水槽の中にしつらえ、大きな波が立ち起こるこの水槽には、巨大なエイからイワシやアジの群れまで、大小の魚類が住んでいる。当時としては画期的な展示で、この水槽の前に初めて立ったときには震えた。

続く個水槽の一つ一つにもそれぞれ、生物たちの生きざまの意味合いが込められている。この水族館、今では希少なラッコがいたり、イルカショーがあったりもするが、展示の中心、そして好奇心を呼び起こしてくれるのは、間違いなく〝生きざま〟がよく現れている展示だ。筆者は特に、展示生物としては珍しいウミヘビのコーナーがお気に入りで、うねうねと泳ぐ姿に見とれた。

淡水生物展示へのこだわり

淡水水族の展示が充実しているのも特徴だろう。「アマゾン館」は、それだけで淡水魚の水族館として日本有数のものといえるほどの豊富な種類を誇る。ピラニアの水槽に挟まれた通路を抜ける趣向も面白い。日本一ピラニアの数が多い展示だが、実際のアマゾンのピラニアの数を現しているのだ。

バンドウイルカによるショー「イルカライブ」。餌やりやタッチのアトラクションもある

世界の淡水生物展示では日本有数。こちらはブタバナガメ

世界の淡水魚とは別にアマゾン館がある。ピラルクーが美しい

現在は展示希少種となったラッコ。独立したラッコ館がある

日本最大のピラニア展示は、アマゾン川の赤色の水まで再現されている（さかなライブ劇場）

イリエワニがジャンプしてエサを捕る。さかなライブ劇場での驚きの実演。生き物のすごい能力を実感できる

ハリセンボンがサメの頭を模した玩具に襲われて膨らむ。さかなライブ劇場の実演

またアマゾン館には、淡水魚水槽で初めてトンネルを使った水槽がある。トンネル下から見上げるピラルクーもいいが、なによりナマズたちの巨大さに驚く。ピラルクーはこの水槽の上部から楽しむのがいい。目の前に来る特大ピラルクー、そして赤い尾の下にトンネルを通る人が小さく重なる。日本一ピラルクーの偉大さが分かる水槽かもしれない。

　水族園前にピラルクーのオブジェがあることでも分かるが、旧須磨水族館時代からアマゾンの巨魚展示にはこだわりがあったのだ。

Information

須磨海浜水族園 閉館（2023年5月31日） 2024年4月リニューアルオープン予定

☎078-731-7301

兵庫県神戸市須磨区若宮町1丁目3-5

営9:00～17:00　※夏季延長営業あり　※入館は閉館1時間前まで　休1月～2月と12月の水曜日　料大人1300円、中人800円、小・中学生500円　電JR須磨海浜公園駅から徒歩約5分　車阪神高速3号神戸線若宮ICすぐ、または第2神明道路須磨ICから約5分　P須磨海浜公園駐車場を利用

大阪エキスポシティで動物に会う

水槽の置き方はオシャレな空間作りを意識し、水族館の展示とは違う方向を探っている

イリエワニ。じっと動かないが大きくて迫力がある

コビトカバ（ミニカバ）を水中で見られるのは珍しい

水槽のほとんどは小さな子どもの目線に合わせて設置されている

水塊度	
ショー	★
海獣度	★
海水生物	★★
淡水生物	★

NIFREL
ニフレル
HP YouTube
大阪府吹田市

生きている生物の博物館

水槽が多いから水族館だと思ったり、名称の新しさでデートスポットと信じて行くと、ちょっと拍子抜けするだろう。展示の内容も水槽の高さも、子どもを意識したものとなっているからだ。自ら「生きているミュージアム」と名乗っているくらいだから、水族館でも動物園でもなく博物館。陸と水中の生物を生きたまま展示した博物館と思って訪れると納得できるだろう。

さらに美術館まで意識しているとのことで、魚類や小動物の水槽はアート感覚で並べられている。展示で人気なのは2階だ。透明な水の中に大きなイリエワニ。可愛いコビトカバはそれだけでも珍しいが、水中にいるときにはさらにキュートで見られたらラッキーだ。ホワイト・タイガーの泳ぎも迫力で、機会を見逃さないようにしたい。また動物達との間に柵のないエリアもある。

ケープペンギン。他のめずらしい鳥類もいるが、ここでもペンギンは一番人気。手を伸ばせば触れられそうな近さ

Information

ニフレル

☎0570-022060（ナビダイヤル）

大阪府吹田市千里万博公園2-1 EXPOCITY内

営10:00～20:00　※季節によって異なる　※入館は閉館1時間前　休無休　料大人（高校生以上）2000円、小・中学生1000円、幼児（3歳以上）600円　電大阪モノレール万博公園駅から徒歩約2分　車名神高速または中国自動車道吹田ICからすぐ　Pあり

水塊度	★★★★
ショー	★★★★★
海獣度	★★★★★
海水生物	★★★★
淡水生物	★★

日本海を背にカマイルカたちが跳ぶ。後ろの岩場には洪水の起きる仕掛けがある

Kinosaki Marine World

城崎マリンワールド

HP YouTube 兵庫県豊岡市

アシカが長いチューブの中をスイッと泳ぐ、その向こうにはアザラシたちが見える

フンボルトペンギンたちの遊泳を見上げるトンネルができた

深さのある水槽にびっくり

城崎《きのさき》マリンワールドは、水族館の枠にはまらないことを目指しているのだそうだ。まず驚かされるのが尋常ではなく深い水槽。その深さなんと12m！ これはビルの4階から見下ろした高さと同じなのである。深さでは日本最深だ。人はみな海の深さに畏れを抱く。この深い水槽を降りていくだけで満足できるのである。

この水槽だけでなく、館内の水槽はどれも深さが十分にとってある。アザラシとアシカが泳ぐ水槽も2階分が吹き抜けになっていて、彼らが縦横に泳ぐことができる。アシカやアザラシは波打ち際が好きと思っていたら大間違い。潜水して、くるくる回るのは彼らの大得意なところなのだ。そして観客は彼らのそんな格好いい姿に感心するわけだ。

屋外に出るとさらに規格外の展示が目に付く。海獣ショーのスタジアムは、入り江の地形をそのまま使っており、イルカやアシカ、セイウチが次々に出てくる。そして通常の水族館の枠を越えるのが、スタジアムから見える日本海

こちらのセイウチは巨大。その身体を存分に見せてくれるエサの時間は、前もって確認して外さないように。ただただ驚くぞ

水深12mの大水槽。ここまで深さが強調された水槽はない

イバラカンザシ。美しいけどゴカイの仲間で、2本の螺旋ツリーはエラ

城崎温泉ときたら松葉蟹！ だからズワイガニの展示は必須。展示もとりわけ凝っている

Information

城崎マリンワールド

☎0796-28-2300

兵庫県豊岡市瀬戸1090

営9:00～17:00　※延長営業あり　※入館は閉館の30分前まで　休無休　料大人2600円、小・中学生1300円、幼児(3歳以上)650円　電JR城崎温泉駅から「日和山」行きバスで約10分、終点下車すぐ　車京都縦貫自動車道京丹後大宮ICから約40km　Pあり

サンゴ礁の海の水槽。メガネモチノウオがすごく威張っている

をバックにした巨大なセットだろう。ステージに洪水が起き、水柱が空に吹き上がる。

ショーのバリエーションは多く、トドのダイブや、室内イルカプールで行われる解説ショー、ペンギンの行進、セイウチのフィーディングなど。最近では、海の中に潜ったような体験が出来る「ダイブアドベンチャー」なるアトラクションもできた。ただこれは水族館〝以外〟にまで行った感がある。

水族館で釣って食べる

ぜひ試して欲しいのが、アジ釣りの釣り堀だ。アジを釣るだけではない。釣ったアジは隣にある調理レストランで三枚に下ろしてフライにしてくれるのだ。もちろん試してみたら美味いのなんの。新鮮だからというだけではない、釣るときのアジとの駆け引き、海という自然の豊穣を自分の力で獲得したことの喜びが、最高の味付けとなっているのだ。本当はこういうことこそ、誰かが教えなくてはいけないことだ。それを水族館が枠にはまらない水族館がやってくれていることに拍手を送る。

アカウミガメはこの水族館のスターで貫禄がある

アジの群れの中にウツボが突っ込んできた。海中社会が楽しい

子どもの夢が広がる市民の水族館

カキいかだに射し込む陽光に、イワシの群れとボラがキラキラ輝く

イカナゴの展示は珍しい。播磨の海の重要な漁獲魚との位置づけ

Himeji City Aquarium

姫路市立水族館

HP　兵庫県姫路市

はりまの里地のエリアには川の水辺の生物たち。こちらはゲンゴロウ

水塊度	★★
ショー	
海獣度	
海水生物	★★★★★
淡水生物	★★

中国地方に多いオオサンショウウオは必見。外国産淡水魚も外来種のみ展示されている

子どもの歓声であふれる

海から離れた小高い山にある水族館。2011年にリニューアルし、市内の子どもたちの夢が広がる水族館となった。旧水族館の時代から海水生物の展示が充実。透明な巻き貝をつくってヤドカリを住まわせるなど、工夫を凝らした展示が特徴だったが、リニューアル後も引き継がれている。

さらに半トンネル型の大型水槽を設置し、イワシの群れがキラキラと美しい展示を実現。大人にも満足できる水族館となった。

リニューアルによって新設されたのが、地元の淡水生物のゾーンだ。地域の渓流や水田など、水辺の景観を再現し、ナマズやウナギといったなじみのある里の仲間の活き活きとした暮らしを展示。とりわけ、オイカワなどが堰をジャンプして遡上する展示は、自然での発見と同じ興奮を覚える。

Information

姫路市立水族館

☎079-297-0321

兵庫県姫路市西延末440（手柄山中央公園内）

営9:00～17:00　※入館は閉館の30分前まで　休火曜日（祝日の場合は開館し翌日休）、12月29日～1月1日　料大人510円、小・中学生200円　電山陽電車手柄駅下車、徒歩約10分　車姫路バイパス中地ICから約2km　P手柄山第1立体駐車場を利用

ルーペ付き水槽にはハコフグの小さな幼魚がいた

カンパチやシマアジなど沿岸の大型回遊魚の大水槽から始まる

最初の展示エリアの中央には、ドーナツ型の水槽。アジの群れなどが回る

マニアックな大学実験所水族館

Shirahama Aquarium,Kyoto University

京都大学白浜水族館

HP 和歌山県西牟婁郡

水塊度	★
ショー	
海獣度	
海水生物	★★★★★
淡水生物	★

海底で美しく揺れるタコアシサンゴやオオカワリギンチャク

展示は奥まで長く、最後まで気を抜けない。最後にいたのはセンネンダイ

無脊椎生物に注力していて、エビカニが多い。爪先がピンクのカイカムリ

無脊椎生物が多い

京都大学による今では唯一の臨海実験所水族館だ。それだけにお堅くてPRもされていないのだが、実は広くて水槽数が多く、知る人ぞ知る内容の濃い水族館だ。

展示はかなりマニアックでストイック。なにせ研究所なのだから当然だろう。特に見ごたえのあるのが、小さな無脊椎動物たちだ。じっくり見ているうちに、擬態しているサンゴガニや、可憐に咲いたイバラカンザシを発見して、とても得した気分になる。水槽を宝探しのように楽しんでいくと、なんとフナムシを展示してある水槽まであった。最後まで気が抜けない水族館なのである。

京大の教員や技術職員による解説ツアーもあって人気だ。ちびっ子が参加していても、難しい話をまるで講義のようにされていたが、ここは実験所なのだから当然。それがこの水族館の存在価値でもあるのだ。

Information

京都大学白浜水族館

☎0739-42-3515

和歌山県西牟婁郡白浜町459

営9:00〜17:00　※入館は閉館の30分前まで　休無休　料大人600円、小・中学生200円　電JR白浜駅から明光バス町内循環線で約20分「臨海」下車すぐ　車阪和道南紀田辺ICから約16km　Pあり

日本一のイルカショーとペンギン王国

マリンライブ「Smiles」はイルカたちの数が10頭以上。バンドウイルカ、オキゴンドウ、カマイルカと日本最大の集団で魅せる

Adventure World

アドベンチャーワールド

HP YouTube f 🐦 📷 和歌山県西牟婁郡

トレーナーはプロのパフォーマー。演技と笑顔は日本一

マリンライブの合間に、子どもたちと遊ぶオキゴンドウ

アニマルランドではアシカたちのショー。フリスビーを投げるアシカ

日本随一の海獣ショー

パンダの展示で日本一のアドベンチャーワールドだが、サファリ型式の動物園だけでなく、イルカやアシカのショースタジアムや海獣館、ペンギン館といった、水族の展示も行っている。

魚類や無脊椎動物の展示はないが、そちらは近くの白浜水族館に行けば楽しめる。とにかく海獣とペンギンに会いたいなら、アドベンチャーワールドは外せない。関西で海獣ショーといえばここが定番なのだが、実のところその見応えは、本書が日本一を保証するグレードなのだ。

特に巨大スタジアムで繰り広げられるイルカショー、マリンライブはスゴイ！ の一言。イルカの数、パフォーマンスの切れ味、スピード、トレーナーの演技と笑顔、ストーリー性、そしてもちろんライブ感、どれをとっても完成度が高く、他の追随を許さない。

隣のスタジアムで行われるアシカたちのショーも楽しい。演技上手なアシカたちはもちろん、オウムが飛び、カワウソやフラミンゴが走り、牛が歩く、驚きの連続だ。

ホッキョクグマはおやつタイムに大暴れ！　見逃さないように

アデリーペンギンとヒゲペンギン。極地ペンギンの数は日本有数

コウテイペンギンは周囲のオウサマペンギンより一回り大きい

コウテイペンギンのヒナ。繁殖は日本でここだけ。世界でも2館だけという貴重さ

Information

アドベンチャーワールド

☎0570-06-4481

和歌山県西牟婁郡白浜町堅田2399番地

営10:00～17:00　※季節によって異なる　※夏期延長営業あり　休不定休(おもに水曜日)　料大人4500円、中人(中学・高校生)3500円、小人(幼児・小学生)2500円、シニア(65歳以上)4000円　電JR紀勢本線白浜駅から「アドベンチャーワールド」行きバスで約10分、終点下車すぐ　車紀勢自動車道南紀白浜ICから約6km　Pあり

ジェンツーペンギンが飛ぶように泳ぐ

極地の動物とペンギン

極地の動物を展示する海獣館とペンギン王国館は、さすがサファリパークといえる内容だ。ホッキョクグマとペンギンたちの展示プールは、一般的な水族館に比べてとても広いのだ。また8種類もいるペンギンは、個体数も飛び抜けて多い。さらに希少なラッコの展示も続けられている。

そしてなんと言っても、ここは日本で初めてコウテイペンギンを飼育し始めた施設という点を知っておいてもらいたい。

コウテイペンギンは、ペンギンの中でもっとも大型で、南極大陸でしか繁殖しない。日本では他に名古屋港水族館でしか会えない希少な種でもある。さらに繁殖は日本ではここだけでしか成功していない。筆者が訪れたときには、ちょうどコウテイペンギンのヒナがいた！　コウテイペンギンのヒナは、ヌイグルミのようにかわいいが、残念ながらその成長は早く、1年も経つと大人と変わらなくなってしまう。新たに誕生のニュースを聞いたら、ぜひ早いタイミングで駆けつけたい。

和歌山県の自然を網羅する

黒潮の海大水槽ではロウニンアジが主役。輝く大型魚の群れは迫力満点

和歌山名物クエ鍋のクエもここにいる

アオウミガメ。なかなか愛想がいい

タチウオの展示に挑戦。暗闇の中に太刀のごとく妖しく銀色に光る

水塊度	★★★
ショー	
海獣度	
海水生物	★★★★★
淡水生物	★★

Wakayama Prefectural Museum of Natural History

和歌山県立自然博物館

HP f 🐦 📷 和歌山県海南市

命があふれている

太平洋に大きく張り出した紀伊半島にあり、黒潮が押し寄せる和歌山県は、自然が豊かで水族館がわりと多くある。ただ紀伊半島は大きいために、南部まで行くには少々不便なのが残念である。そんな地域にあって最も便利で生物数が多いのがこの水族館（博物館）だ。特別大きくはないが、あふれんばかりに詰め込まれた展示に圧倒される。

多くの水族館が、テーマを世界へと広げているのに対し、この館は和歌山の自然史にテーマを絞っている。だから、展示内容は和歌山県産に限られている。しかも海獣はおらず、どちらかと言えば海や川の小さな生き物が主役だ。大水槽もあるが、大きさをアピールするものではない。

しかし、それでも十分に見ごたえがある。何よりその美しさに感動する。それは、今まで見ようと想像すらしなかった未知の世界をつまびらかに見せられた感動からだろう。子どもの頃、水族館に初めて訪れたときのような新鮮な驚きを思いだす。

サンゴ礁とウミシダが作る幻想的な世界に、可憐なスミレナガハナダイ

サザナミヤッコ。和歌山県は本州なのにサンゴ礁の海が広がる

西日本の水族館では珍しい、キサンゴとクルマダイの水槽

ウミサボテンが堂々と立っている。海底に心をはせる

無数にある小窓水槽で珍しいカメノテの展示

和歌山県内淡水域の展示も充実。オイカワの群れ

Information

和歌山県立自然博物館

☎073-483-1777

和歌山県海南市船尾370-1

営9:30～17:00　※入館は閉館の30分前まで　休月曜日(祝日の場合は開館し翌日休)、12月29日～1月3日　料大人470円(高校生以下無料)　電JR和歌山駅から海南市方面行きバス約30分「琴の浦」下車すぐ　車阪和自動車道海南ICから約10分　Pあり

激レアな展示のナンキシャコ。目が金色！

美しき沿岸生物たち

最初に目にするのは黒潮の海の景観だ。ワイドな黒潮の海水槽に巨大なロウニンアジが群れになって泳ぐ姿は壮観だ。また、造礁サンゴの展示は、和歌山南部の海岸に広がる景観で、和歌山県は琉球列島なのか？　と思うほどに、黒潮の圧倒的な力を感じることができる。最近取り組んでいるタチウオが輝く展示も見逃せない。

この後は、海底や沿岸の比較的小さな生物ばかりになるのだが、実はここからがこの水族館の本領発揮である。私たちの知らなかった未知のあふれる命を見せてくれるのだ。

小さな水槽を並べた、その名も「いろいろな生物」というコーナーでは、どういうわけか水槽が小さくなればなるほど、引き込まれる。ちょっとのぞいてみるくらいのつもりで、一つ二つ見始めたら、すっかりはまってしまった。人間の目は、ワイドな広角レンズにもなればマクロな接写レンズにもなる。読書やスマホでしか使わない接写眼を海で使えば、新しい世界の発見ができるのだ。

太陽光が降り注ぐ「串本の海」大水槽では、サンゴ礁が活き活きと育ち、水族館の正面に広がる海に潜ったのと同じ景観が広がる

Kushimoto Marine Park Aquarium

串本海中公園 水族館

HP f 🐦 📷 和歌山県東牟婁郡

トンネル水槽は黒潮の沖合深くを表現する。外洋性のサメやアオウミガメが姿を現す

水塊度	★★★
ショー	
海獣度	
海水生物	★★★★★
淡水生物	

サンゴ礁のある海中公園

水族館に、海中展望塔、グラスボート、そしてダイビングと、海中を楽しむすべてがそろったまさしく海中公園がここ。水族館の外観はコンパクトにまとまって小さく見えるが、展示コーナーや飼育生物の種類が多く、じっくり観察すると、思わぬ発見の多い水族館だ。

海中公園とは、特別美しい景観のある海中を維持する目的で、環境庁によって制定された公園だ。水族館の裏から出ている海中観光船ステラマリスに乗ると、海中展望塔の周りは造礁サンゴの群体に取り囲まれていて、ここが本州の真ん中であることを一瞬忘れる。

水族館の展示生物の収集も、その豊かな海における自家採集が基本とのことなのだが、さすが、黒潮の海が直接ぶつかる紀伊半島だけあってとてもカラフルでバリエーション豊かだ。

太陽光がキラキラと射し込む大水槽「串本の海」には、さまざまな生きたサンゴ礁が育ち、串本の明るい海をそのまま切り取って持って来たかのような水塊だ。

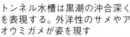

「串本の海」大水槽のカゴカキダイの群れ。阪神ファンが集まっているわけではない

水族館に入ると迎えてくれる愛想のいいモヨウフグ

無人島で暮らす番組で有名になったアジアコショウダイ

妖しく揺れるスナイソギンチャク

可憐なエビカニがたくさん。こちらはアカホシカクレエビ

透明の貝殻に入ったイシダタミヤドカリ

Information

串本海中公園 水族館

☎0735-62-1122

和歌山県東牟婁郡串本町有田1157番地

営9:00〜16:30　休無休　料大人1800円、小・中学生800円、幼児(3歳以上)200円　※水族館・海中展望塔を利用の場合　電JR紀勢本線串本駅から無料送迎シャトルバスで約15分　車紀勢自動車道すさみ南ICから約18km　Pあり

外にはアカウミガメのプール。人影に集まってきた

無脊椎動物に心奪われる

どの水槽でも目を奪われるのは、水槽狭しと花開いた造礁サンゴやイソギンチャクだ。ここでは世界で初めてムラサキハナギンチャクの繁殖に成功し、繁殖個体放流による自然個体群回復の試みで、動物園や水族館の最高の栄誉である「古賀賞」を受賞している。

近畿地方の水族館でありながら、照明やサンゴ育成用の装置を使わずに、それらがワイルドに育っているのは、意外ではなく、串本が本州最南端でかつ黒潮のまちだという証だろう。

和歌山県の水族館の特徴としては、無脊椎動物の展示が挙げられる。他に類を見ないほど豊富で状態が良いのだ。無脊椎動物の面白さは、動物とは思えないような造形と静けさだ。中でも小さな無脊椎動物たちはいずれも美しく、まるで水槽の中から小さな宝石を見つけるような楽しさがある。

展示の締めくくりはトンネル水槽だ。外海水をそのまま利用しているのか、濁りがあるものの、大型のサメやウミガメが姿を見せ、クロマグロも泳いでいる。

リアス式の入り江を丸ごと使った野趣あふれるプール「クジラショーエリア」。種類の違うゴンドウたちの息の合ったジャンプ

Taiji Whale Museum

太地町立くじらの博物館

HP f　和歌山県東牟婁郡

「イルカショーエリア」の後ろに見えるのはシロナガスクジラの骨格レプリカ

ハナゴンドウの豪快なジャンプ。すぐ近くへ行くことができる

水塊度	★★
ショー	★★★
海獣度	★★★★
海水生物	★★
淡水生物	

ヒトとクジラの博物館

太地くじらの博物館を訪れる前夜、食事に入った地元のお店でナガスクジラのいいのがあるというので出してもらった。たいへん美味しかった。

水族館に関わる仕事をしていようと、野生生物の保護が大切だと説いていようと、いただける肉はいただく。なぜならそれが「ヒト」という動物の定めなのだから。他の者の命をいただかなくては、ヒトも他の動物も、クジラだって生きていけないのだ。

くじらの博物館は、まさしくそんなヒトと野生生物の複雑でシンプルな間柄を形にした博物館だ。太地は日本の捕鯨発祥の地であり、その後400年にもわたって捕鯨を続けているまちだ。その捕鯨に関わる民族歴史系博物館に併設した形で水族館がある。

生きている鯨類たちの展示やパフォーマンスには時間を忘れさせられるが、本館の展示も必ず観て欲しい。様々なクジラの骨格標本と古式捕鯨を再現する実物大ジオラマなどで、日本人とクジラの関わりが理解できる。

アルビノのバンドウイルカも、一緒に泳ぐスジイルカも会えるのは世界でここだけ

マダライルカの展示は世界的に珍しい

屋内展示館には、イルカのトンネル水槽のほか水族展示がある

クエ。この地域で盛んなクエ料理にちなんで展示

Information

太地町立くじらの博物館

☎0735-59-2400

和歌山県東牟婁郡太地町太地2934-2

営8:30～17:00　休無休　料大人1500円、小・中学生800円　電JR紀勢本線太地駅から太地町営じゅんかんバスで約10分「くじら館前」下車すぐ　車紀勢自動車道すさみ南ICから約50km　Pあり

実物大のクジラと古式捕鯨のジオラマ。たくさんの骨格標本のほか、鯨と捕鯨に関する標本や資料が豊富にある

珍しい白いイルカ

施設の大部分を占めるのが自然プール。リアス式海岸の入江を仕切ってあるだけの海そのものだ。この開放感あふれる海に、クジラのコビレゴンドウやオキゴンドウたち、そして全身が真っ白な個体のハナゴンドウがいる。また陸上のショープールでは、カマイルカとバンドウイルカがショーを行う。

自然の中で巨体を踊らせるイルカたちの姿からは、一般的な水族館で見るのとは違った力強さを感じる。ショーをしていないときには、桟橋や浜でふれあい体験ができる。まるで自然の海で出会っているかのようで大いに感動が増す。

屋内施設海洋水族館には長い水中トンネルがあり、不思議な浮遊感をもたらしてくれるプールがある。ここで会えるのは、世界で唯一展示されているスジイルカ、飼育が珍しいマダライルカ。そして真っ白なバンドウイルカもいる。世界でわずか2例目という希少なアルビノのイルカである。いずれも彼らに会うためだけに太地に足を伸ばす意味がある。

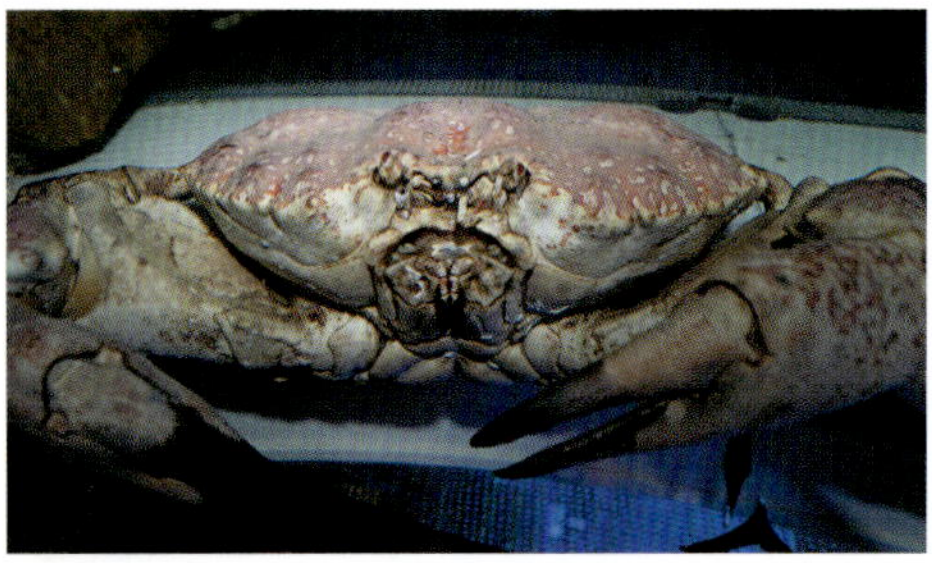

最重量級のカニ、オーストラリアオオガニ。成長すれば重さ10kgをこえる。爪がとても大きい

掃除エビのアカシマシラヒゲエビがたくさん！ 大きなドクウツボが逃げ回っている

エビとカニ、甲殻類だけで150種

周参見沖の海中から手紙が出せる海中ポストをPRした水槽。もちろんイセエビがちゃんといる

ガラス細工のようなオドリカクレエビ

水塊度	
ショー	
海獣度	
海水生物	★★
淡水生物	★

Ebikani Aquarium

すさみ町立 エビとカニの水族館

HP YouTube f Twitter Instagram

和歌山県西牟婁郡

エビやカニにも顔がある

名前の通りエビとカニだけにとことんこだわった小さな水族館。エビ・カニ・ヤドカリほか、甲殻類だけで150種も展示しているという。なぜエビとカニに特化しているのかは見当もつかないが、素人目にも魚よりバリエーションがあってなかなか楽しい。

あまり動かない彼らは、小さな水槽に入っていても窮屈そうに見えないのがいい。何よりも、彼らには顔と表情があるのに気づく。顔がどこだかわからない他の無脊椎動物や、のっぺり顔の魚よりも、エビやカニのほうがいくらか親近感がわいてくる。

ダイオウグソクムシやカブトガニなどの甲殻類の展示のほかに、魚の身体を掃除をするエビが、掃除の相手である巨大ウツボと同居していた。アオウミガメとサメのプールも併設して、エビカニ以外の楽しみも少しある。紀州路の立ち寄りにおすすめだ。

日の丸が付いたヒノマルショウグンエビ。爪が大きく格好いいが、とても希少種とのこと

エビカニとは関係がないが、アオウミガメのプールとサメのプールがある

Information

すさみ町立エビとカニの水族館

☎0739-58-8007

和歌山県西牟婁郡すさみ町江住808-1

営9:00～17:00　※入館は閉館の30分前まで　休無休　料大人800円、小・中学生500円、幼児(3歳以上)300円　電JR紀勢本線江住駅から徒歩約8分　車紀勢自動車道すさみ南ICから約1.5km　Pあり

中国・四国

岡山県、広島県、山口県、鳥取県、島根県
徳島県、香川県、愛媛県、高知県

しものせき水族館 海響館

関門海峡とフグとペンギンの水族館

水塊度	★★★★★
ショー	★★★★★
海獣度	★★★★
海水生物	★★★★★
淡水生物	★★★★

水中映像でしか見たことのない南極海の光景が目の前に現れる！　世界最大のこのプールだけでしか見られない、躍動するペンギンによる水塊だ

フンボルトペンギンは青空の下で気持ちよさそう

SHIMONOSEKI AQUARIUM KAIKYOKAN

しものせき水族館 海響館

HP f

山口県下関市

フグもいいけどペンギンから

海響館といえば関門海峡、下関といえばフグ……から始まるのが前作までの『全国水族館ガイド』だったのだが、本改訂版では、筆者が常に真っ先に観に行くペンギン村から紹介する。実は下関は南極捕鯨の基地だったため、捕鯨船が連れ帰ったコウテイペンギンからペンギン飼育の歴史が始まっており、なんとペンギンが下関市の鳥にも指定されているのだ。

ペンギンだけを展示する施設としては世界最大、ペンギン総数も5種140羽超と驚きの規模。とりわけ亜南極ペンギン水槽の、深さ6m、水量700トンというスケールは、他に類を見ないほど。

ペンギン大編隊

水槽に深さと広さがあれば、ペンギンたちも私たちが今まで知っているのとは違う姿を見せてくれる。筆者が思わず「ペンギン大編隊」と名付けたのは、数十羽の大集団で水中を編隊潜水する現象だ。数羽のジェンツーペンギンが泡のジェットを引いて「ペンギン猛ダッシュ」を始めると、次から

下関と言えばフグ。トラフグの水槽はさすがにフグの王様にふさわしく立派だ

関門海峡の速い潮流とそれによって生まれる渦を、関門海峡水槽に再現

最初の展示は、関門海峡大橋を借景にした水槽から始まる。水面が海峡に繋がっているように見える

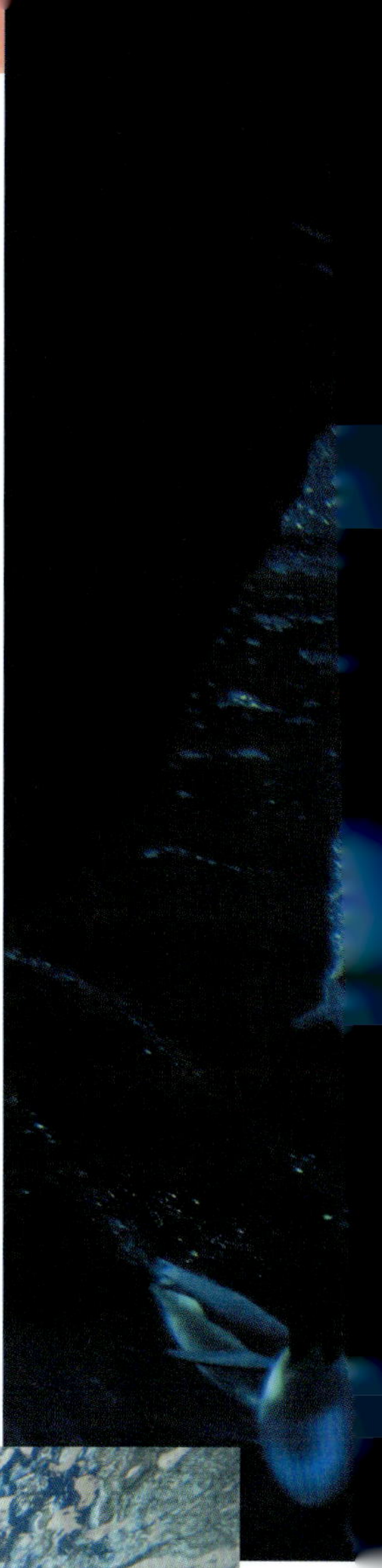

鳴門海峡の水中、砕ける波の下でマイワシの群れやトビエイたちが活き活きと暮らす、躍動感のある水塊光景

マンボウもフグの仲間、フグ目約430種類のうち海響館では100種類以上展示

オーストラリアの冷たい海にいるイトマキフグの仲間、ショーズカウフィッシュ

ムシフグ。毒の強いフグは「身の終わり＝美濃尾張」で名古屋フグと呼ばれる

深い海のサンゴ、キサンゴの仲間とチョウチョウウオ

白砂、造礁サンゴ、イソギンチャク、魚群、サメ、ウツボ……、一つの水槽でサンゴ礁の要素を全てそろえた展示。生きた絵画のよう

ピラルクー。淡水生物も、日本の川から世界の熱帯淡水魚までそろっている

バンドウイルカとアシカの仲間によるパフォーマンスを関門海峡をバックに実施。後ろを巨大船が通過する

スナメリのバブルリング、愛らしい。こちらのスナメリは瀬戸内海から玄界灘にかけて生息している

次へとみんなが参加し始めて大編隊となる。今まで映像でしか観たことのなかった南極海の光景が、目の前に躍動する。究極のリアル展示で水塊度も最高だ。

屋上はフンボルトペンギンの広大な住処だ。チリの国立公園から生息域外重要繁殖地と認定されたここでは、それぞれのペンギンが自由に巣穴をつくって繁殖をする。波立つプールを泳ぐ者、ひなたぼっこをする者、愛を語り合っているペア、よその巣から巣材を盗んでいる者。ペンギン社会を見ているといつまでも飽きない。

フグとイルカの関門海峡

さて、ペンギン村が新たな顔になった海響館だが、それでもやっぱりアイデンティティは関門海峡とフグである。

水族館に入ってすぐにある大水槽は、背後に関門海峡を臨むレイアウトで、なんと海峡の渦が再現されている。この自然現象を堪能したら、水中トンネルで海峡に潜る。頭上にかぶさる白波の中、波に翻弄されながら渦を巻くマイワシの群れはキラキラと躍動的だ。

そして館内は、フグ、フグ、フ

亜南極ペンギン水槽の立役者はジェンツーペンギン。泡の飛行機雲を出して何羽かが泳ぎ始めるとみんなが参加する

南極海からのペンギンに対し、北海からの代表はゴマフアザラシ

ジェンツーペンギンは飛び込み遊びが大好き。何度も同じ場所に並んで飛び込みを見せてくれる

Information

しものせき水族館 海響館

☎083-228-1100

山口県下関市あるかぽーと6-1

営9:30～17:30 ※入館は閉館の30分前まで 休無休 料大人2000円、小・中学生900円、幼児(3歳以上)400円 電JR鹿児島本線下関駅から唐戸・長府・山の田行きバスで約7分「海響館前」下車、徒歩約3分 車中国自動車道下関ICから約15分 Pあり

ペンギン施設の屋上は温帯ペンギンの広い公園となっている。チリより「フンボルトペンギン特別保護区」と認定された

グ。冷たい海から暖かい海のフグ。沿岸のフグに、箱形のフグなど、もうフグだらけ。海響館はフグの水族館として、常に100種類以上のフグの仲間を展示しているのだそうだ。珍しい川にいるフグの展示もある。フグの仲間のマンボウもいた！ もちろんこれらの中で一番のスターはトラフグ！最も立派な大水槽に王様のごとく泳いでいた。

さらに、海響館で特別なのが、イルカとアシカのパフォーマンスだ。海響館のトレーニング技術の高さは業界では有名で、誰が観ても引き込まれる上に、マニアが驚くネタも披露してくれる。

また忘れてはならないイルカパフォーマンスが、スナメリのバブルリングだ。「島根のおじさま」が世間に注目されている頃、海響館のスナメリがこっそりバブルリングをやり始めた。トレーナーがパフォーマンスとして固定すると、一度に2個のリングを出したり、呼吸孔から出した泡を使ってリングをつくるなど、技術はどんどん向上。おそらく、日本で最も巧妙にバブルリングを扱うスナメリとなったのである。

生命を育む海や川の水が生き物のよう！

うねる渓流の森。渓流の速い流れとうねりをそのままに再現した世界初の水槽で、広島県固有のゴギが力強く泳ぐ。生きている川の水塊

水塊度	★★★★★
ショー	★
海獣度	
海水生物	★★★
淡水生物	★★★

Mariho Aquarium

マリホ水族館

HP

広島県広島市

最初に出会うのは、サンゴ礁にぶつかる波が砕ける様子を再現した水塊。水中は常に揺れ、観る人の気持ちを一気に水中にワープさせる

瀬戸内の恵み小イワシ（カタクチイワシ）の群れが躍動する水塊

生きている水塊

広島市の商業施設マリーナホップに、中核集客施設として登場した都市型小規模水族館。筆者がプロデュースをした最新の小規模水族館でもある。床面積としては日本最小級水族館のグループに入るほどの規模だが、それにも関わらず、世界初の最新の水槽が二つもあり、ダイバーの水中ショーを開催するほどの大規模水槽もある。魅力的な水塊水族館として、広島県民の憩いの場所として人気となっている。

マリホ水族館のテーマは「生きている水塊」。生物たちが暮らす海や川そのものが生きている地球であることを見せようというのがプロデュースの基本理念だった。波打ち、流れる水中で暮らす生物を見せることで、躍動する水塊の美しさと、水中世界と生物に対する好奇心を上げる試みだ。

躍動する海川と生物

水塊が躍動するさまは、世界初の水槽2本で顕著だ。エントランスすぐの、奥行を感じさせる最初の水槽は、サンゴ礁で砕ける波の

大水槽はサンゴ礁の海の水中感がたっぷり。ダイバーによるショーも行われる

クラゲコーナーは大人の癒やしコーナー

ナガクビガメも負けずに首をニョロニョロさせる

新体操のリボンのようにハナヒゲウツボが舞う

Information

マリホ水族館

☎082-942-0001
広島県広島市西区観音新町4丁目14-35
営10:00～20:00(4月～11月)、10:00～17:00(12月～3月 ※金・土・日・祝は10:00～20:00) 休不定休 料大人900円、小・中・高校生500円、幼児(3歳以上)300円、シニア(65歳以上)800円 電JR広島駅から広電バス3号線で約40分「マリーナホップ」下車すぐ 車広島高速3号線吉島ICから約5km Pあり

水草と淡水魚。奥行を出すための工夫は全ての水槽で行われている

下を表した初めての展示だ。この水槽では白い気泡が渦となって踊り、水中のイソギンチャクの触手を大きく揺らし、魚たちもまた揺れ泳いで渦を駆け抜けたり、とダイナミックな行動を見せる。

また広島県の木モミジなど立木を背景にした「うねる渓流の森」の水槽では、巨岩の隙間を激流が音を立てて、文字通りうねりながら流れる。その気泡の下に、広島県固有の天然記念物ゴギ（イワナの一種）が、流れをものともせずたたずむ。清涼感たっぷりの日本らしい世界初の展示方法に、観覧者の好奇心は満開になる。

水塊感を演出する工夫として、群れを活かした展示にも注目したい。たとえば瀬戸内の美味しい恵みを展示する水槽でも、最大のラグーン水槽でも、目を奪う動きを見せるのは群れになった小魚たちだ。群れの塊がうねうねと形を変えて動くことで、水中の立体感と命の躍動感を感じられるわけだ。

このようにマリホ水族館は、水族館の規模としては小さいが、水塊度の高さによって、水中感をたっぷり堪能できる。癒やし度も抜群だ。

世界遺産で瀬戸内海と会う

宮島水族館のシンボルとなっているスナメリ。人と変わらぬ身長に、笑っているような口元。この顔に会えるだけで宮島に渡る価値がある

アシカショーは人気のイベント。広いプールと、客席側に設けられたステージを使うのでアシカが近い

水塊度	★★★★
ショー	★★
海獣度	★★★
海水生物	★★★★
淡水生物	★★★

Miyajima Public Aquarium

みやじマリン
宮島水族館

広島県廿日市

タチウオを一年通して展示する水族館は珍しい

瀬戸内海はカブトガニの生息地域。かつてはこの辺りにもいた

牡蠣養殖のいかだを浮かべた水槽。階下ではその海中を見上げることができる

瀬戸内海とカキ養殖

世界文化遺産である厳島神社を有する広島県の宮島、そこに水族館みやじマリンがある。歴史と自然豊かな宮島観光の集客施設として建てられただけに、観光地の水族館という性格が強く、展示水槽も遠足の小学生、幼稚園生を対象にしたのか、低い位置に配置したものが多い。

しかし、この水族館の本当の魅力は、瀬戸内海にある水族館としての特徴をしっかり出しているところにある。瀬戸内海に生息しているスナメリや、その他の多様な魚たち、厳島神社の干潟の生物や、広島県の川の生物、天然記念物になっているカブトガニもいる。

そして極めつけは、広島県の名産カキ養殖を展示したカキいかだの水槽だ。カキ養殖を操業する海中そのままに、実物のカキの垂下連がいかだから吊されている。見上げれば、海の森のよう。そこに集まる小魚やイカもリアルだ。

さて、宮島水族館のシンボルといえば、瀬戸内海の海獣スナメリだ。「瀬戸内のくじら」の水槽で出迎えてくれる。

フンボルトペンギンの上部。2階からは陸上のペンギンを見ることができる

フンボルトペンギンを水中から見上げる。この向かいにはトドもいる

熱帯淡水魚もいる。こちらはニューギニアの湖の淡水魚

サンゴ礁の海の水槽。これらは「いきもののからだと暮らし」というテーマで展示

大水槽には岩場や砂地が再現される。頭上にもアクリルが入っているので、足下が波紋で揺れる

マングローブを再現した水槽に、テッポウウオの展示

Information

みやじマリン宮島水族館

☎0829-44-2010

広島県廿日市市宮島町10-3

営9:00～17:00　※入館は閉館の1時間前まで　休不定休　料大人1400円、小・中学生700円、幼児(4歳以上)400円　電JR山陽本線宮島口駅からフェリーで宮島桟橋へ。徒歩約25分　車宮島口までは広島岩国道路大野ICから10分　Pなし

語りかけるスナメリ

スナメリは人と同じくらいの大きさで、普通のイルカとは違ってクチバシのないクジラ型をしている。北極海のシロイルカのミニチュア版のような姿と顔つきから似ていると言われるが、まったく別の種。スナメリは瀬戸内海をはじめ、伊勢湾や東京湾など、日本の内海に生息する日本のイルカで、水族館でもずっと先に飼育されていた。

中には愛想のいい個体がいて、窓のところに寄ってくるだけでなく、じっとこちらを見つめて、なにかしら一生懸命に語りかけてくる。エコーローケーションを使える人間を探しているのかも。

宮島水族館の展示は、宮島沿岸だけで収まっているわけではない。広く明るい大型水槽には外洋の大型海水魚がいて、ひときわ暗い水槽にはタチウオがひっそり輝いている。加えてサンゴ礁魚類や熱帯淡水魚も豊富に展示されている。ペンギンやトド、カワウソなどの定番人気動物もいて、アシカショーやペンギンとのふれあいがちびっ子に大人気だ。

旅館の大浴場規模のタッチングプール。手を入れるのではなく、靴を脱いでジャブジャブ入る方式！

カブトクラゲ。目の前で採れるクラゲとともにエビのフィロゾーマ幼生を展示するなどマニアックな展示にも積極的

瀬戸内海の島の小さな水族館

ニホンアワサンゴ。近くにあるこのサンゴの群生地を研究し、日本で初めて水槽内での繁殖に成功した

ウツボ。ほぼ全ての展示生物が周防大島周辺で採集されたもの

キタンヒメセミエビ。周防大島は瀬戸内海の中でも特に豊かな海

NAGISA AQUARIUM

なぎさ水族館

HP f　山口県大島郡

水塊度	
ショー	
海獣度	
海水生物	★★
淡水生物	

室内タイドプールで遊ぶ

山口県瀬戸内海の周防《すおう》大島、本州と繋がった橋からおよそ30kmも離れた島の突端になぎさ水族館はある。あまりにも不便な場所にあるにもかかわらず、苦労して訪れるマニアもいる。それは、ニホンアワサンゴの展示を見るためだ。周防大島はニホンアワサンゴの世界最大の群生地であることから、スタッフが一念発起し人工繁殖を成功させた。緑色にゆらゆら伸びる触手が美しい。ここでなら潜らなくても見られる。

もう一つの特徴は、館内の半分近くを占めるタッチングプールだ。旅館の大浴場を思わせる広さで靴箱が用意されている。じゃぶじゃぶ入って触れることが前提の室内タイドプールなのだ。

展示生物は大島周辺で採集されたものばかりで、手づくりの解説は絵も描かれて、なんとか読ませようと情熱的。周防大島の海への愛情が感じられる水族館だ。

無脊椎生物の展示が多く、水槽の美しさで勝負。ケヤリムシ、キサンゴ、ウミシダ、底にはムツサンゴが競い合う水槽

Information

なぎさ水族館

☎0820-75-1571

山口県大島郡周防大島町伊保田2211-3

営9:00～16:30　※入館は閉館の30分前まで　休12月30日～1月2日　料大人210円、小・中学生100円　電JR山陽本線大畠駅から防長バス「周防油宇」行きで約70分「陸奥記念館前」下車すぐ　車山陽自動車道玖珂ICから約57km　Pあり

Fukuyama University Marine Biocenter Aquarium

福山大学マリンバイオセンター水族館

HP　広島県尾道市

無料水族館では最大の水槽

驚きの大水槽。タイやブリの中でコブダイが存在感を放っている

アマモの中を泳ぐゴンズイの群れ

イヌ顔で寄ってくるコクテンフグ

水塊度	★
ショー	
海獣度	
海水生物	★★
淡水生物	★

Information

福山大学マリンバイオセンター水族館

☎0845-24-2933
広島県尾道市因島大浜町452-10
営10:00～16:00　休日曜日、祝日、お盆、年末年始　料無料　電JR山陽本線福山駅より高速バスシトラスライナーにて「因島大橋」下車、徒歩約15分　車しまなみ海道因島北ICより約5分　Pあり

因島で見つけた海中世界

本州と四国を結ぶ「しまなみ海道」の因島《いんのしま》に水族館がある。しかも150トンの大水槽があるかなり立派な水族館。さらにこれが「無料」というのだから驚き。水槽水量最大の無料水族館だ。

この水族館は福山大の内海生物資源研究所が運営していて、学生の実習などにも利用されているため、水族館展示についての試行錯誤が見て取れるのも面白い。

地元ファミリーに人気のスポットらしい。大きな水槽で見るブリやマダイたちはもはや研究対象の水産物としてではなく、瀬戸内海の住民として堂々としている。

Horseshoe Crab Museum

笠岡市立カブトガニ博物館

HP f　岡山県笠岡市

カブトガニの幼生。様々な成長段階のカブトガニがいる

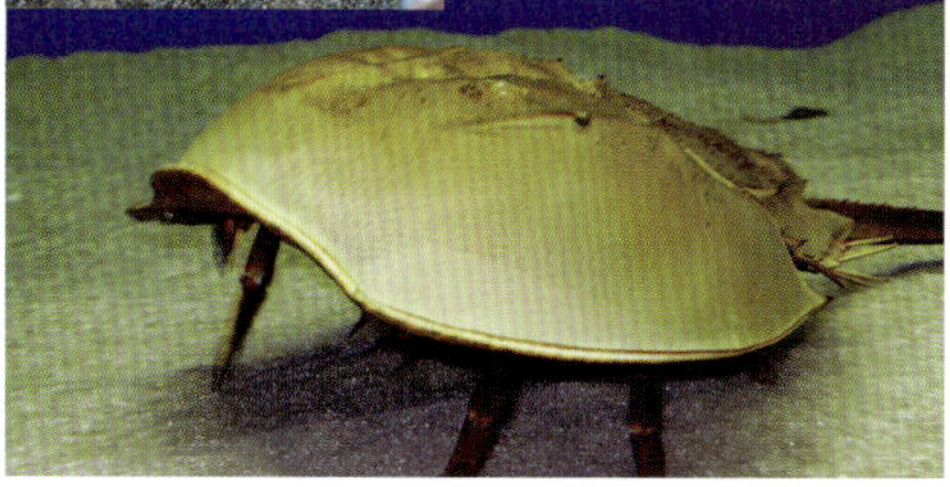
カブトガニは歩き出すとわりあいに速く軽やかだ

生きた化石生物としてオウムガイも展示

カブトガニと古代生物の博物館

水塊度	
ショー	
海獣度	
海水生物	★
淡水生物	

水槽以外の展示も魅力的

岡山県笠岡市には、国の天然記念物に指定された「カブトガニ繁殖地」がある。その海域のほとりにこの博物館はある。正直に言えば生物の古代史博物館に水槽がいくつか展示されているというだけの水族館未満の博物館なのだが、国内唯一のカブトガニ繁殖地としての誇りと保護活動、そしてカブトガニに注ぐ愛情にほだされた。

さらに、迫力満点の恐竜たちの巨大レプリカや、古代の海の美しいジオラマ、シアターや化石などを駆使したカブトガニの秘密に迫る展示など、水槽展示だけは語れない見どころも満載なのである。

Information

笠岡市立カブトガニ博物館

☎0865-67-2477
岡山県笠岡市横島1946-2
営9:00～17:00　※入館は閉館の30分前まで　休月曜日（祝日の場合は開館し翌日休）、12月29日～1月3日　料大人520円、高校生310円、小・中学生210円　電JR笠岡駅から井笠バス「笠岡～市民会館～外浦～寺間～笠岡線」バスで約15分「カブトガニ博物館前」下車すぐ　車山陽自動車道笠岡ICから約10km　Pあり

幸せを呼んだバブルリング

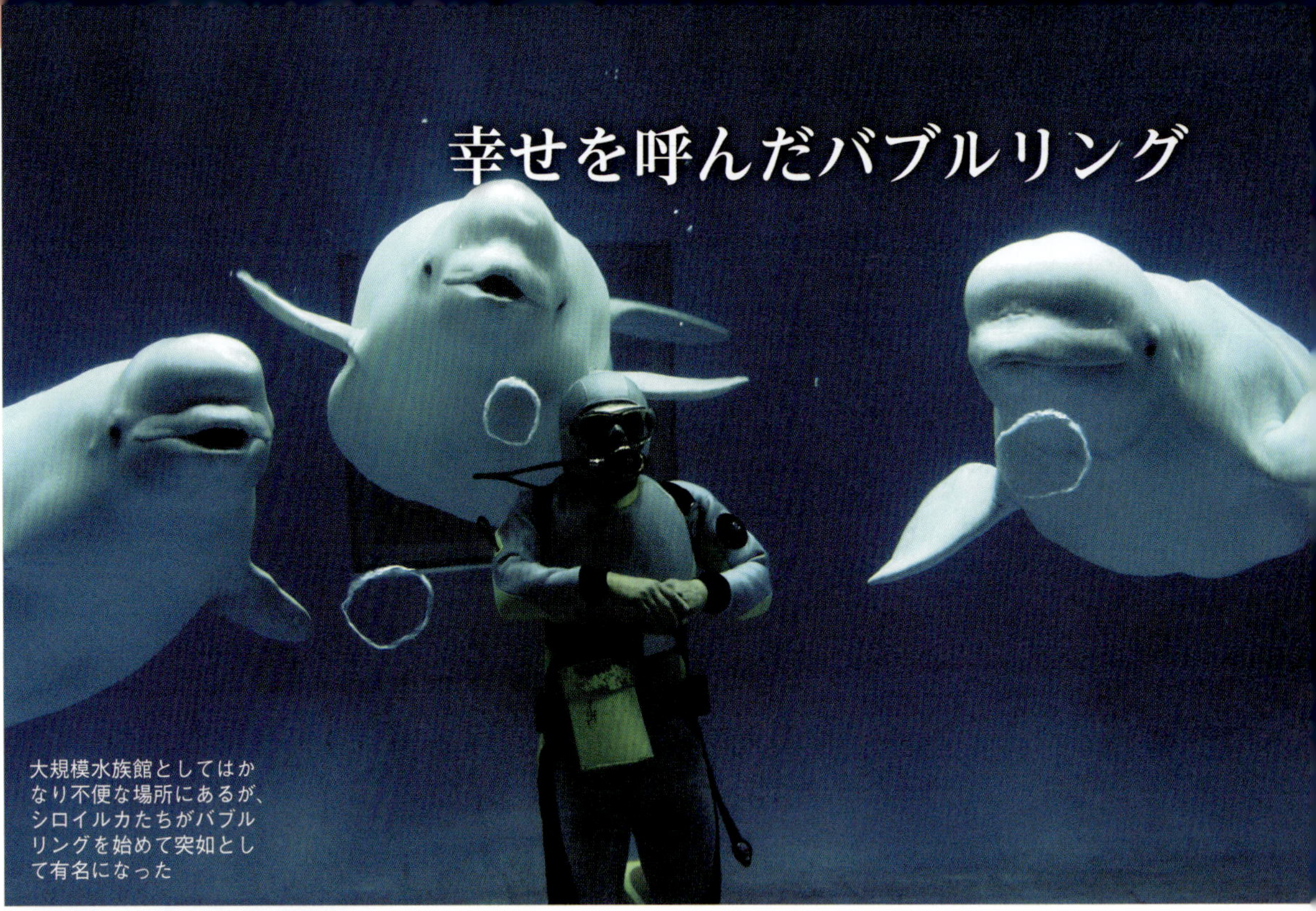

大規模水族館としてはかなり不便な場所にあるが、シロイルカたちがバブルリングを始めて突如として有名になった

この大きいリングは「幸せの縁ミラクルリング」と名付けられている

Shimane Aquarium AQUAS

しまね海洋館 アクアス

HP f

島根県浜田市

アシカとアザラシのプールでは、ショーも行われる

水塊度	★★★★
ショー	★★★
海獣度	★★★
海水生物	★★★★★
淡水生物	★★

幸せはシロイルカたちにも来た。赤ちゃんの誕生

神話の海を展示

出雲の国島根県には、大国主命にまつわるさまざまな神話が伝わるが、そのうちの一つに「いなばの白兎」の神話がある。ワニをだまして隠岐の島から海を渡ってきた白兎が、ワニに皮をはぎ取られてしまう話だ。その神話の世界を水族館の大水槽にしているのが、しまね海洋館アクアスだ。

白兎がサメたちをだまして、隠岐から本州まで並べられるほど、それはもううじゃうじゃサメが泳ぐ大水槽「神話の海」がある。海底トンネルもあって、時間と空間を超えるイメージを演出する。ちなみに、この地域では、サメのことをワニと呼ぶ。

さて、アクアスの展示の前半は「岩見万葉の海」「日本海」と続く。水族館が建つ岩見海浜公園付近で見られるコブダイなどの磯の海の魚たち、また対馬暖流に乗ってやってくるトビウオやイカ、そして浜田市の名産ノドグロ（和名アカムツ）など、古代からここで暮らす人々との結びつきが強い魚たちを多く展示しており、日本海の豊かさを感じさせる。

神話の海の大水槽、因幡の白兎がだましたワニとは、このたくさんのサメのこと。中国地方の山間部はワニ料理が有名

島根の海岸の水中景観を再現、海藻類が見事に繁茂している

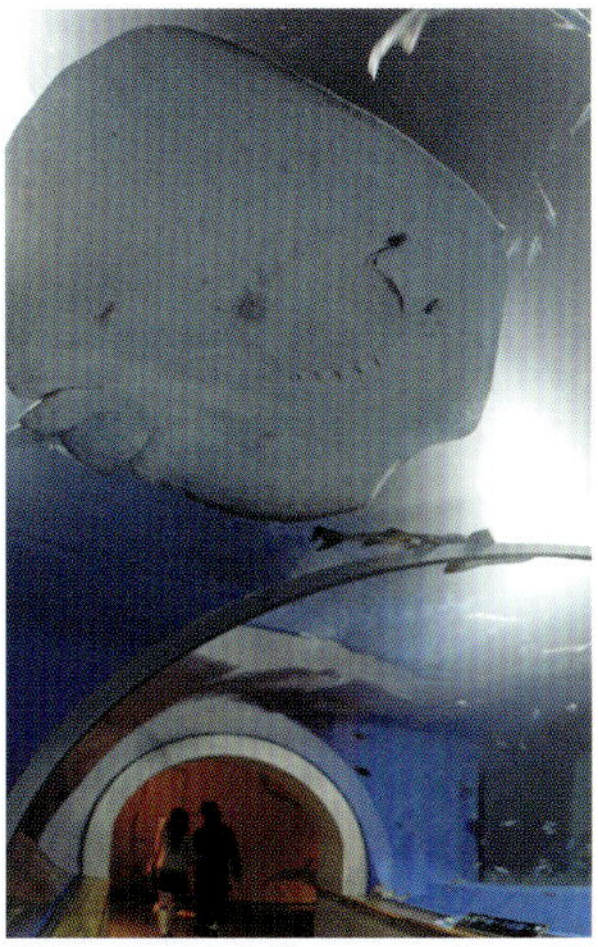

神話の海の大水槽にはトンネルが通る。サメと同居する巨大なエイ

トビウオが一年を通じて見られる水族館は珍しい

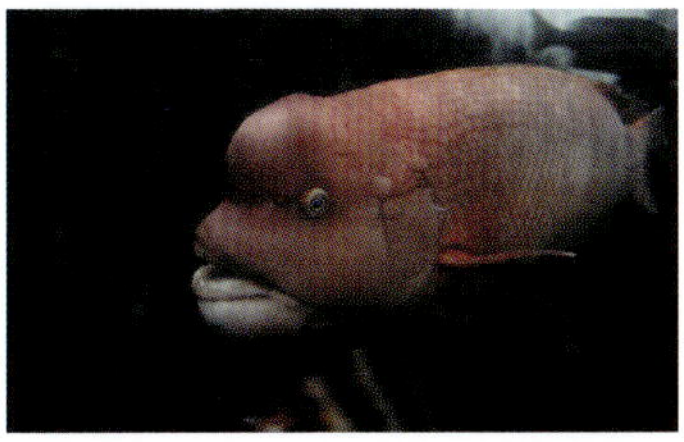

日本海側に多いコブダイ。強靭な顎を持っている。いい顔だ

浜田市が誇る魚ノドグロ（アカムツ）の展示がついに実現した

幸福のバブルリング

アクアスを全国的に有名にしたのが、シロイルカのバブルリングだ。シロイルカは他のイルカのようにジャンプできないし、水中でもゆったり泳ぐ。そんなシロイルカが勝手に始めた静かな一人遊びが、バブルリングだった。

それを見つけたトレーナーが、パフォーマンスとして固定したのが「幸せのバブルリング」。口を尖らせて、ボコっと泡の輪っかをつくるだけなのだが、イルカにそんなことができるとは誰も思っていないからこれがウケて、一躍全国的な人気に。

実はイルカたちは種類を問わず、自然の海でもバブルリングの遊びをすることが知られている。とりわけシロイルカやスナメリは、水を吹いて海底の泥の中にいる生物を捕獲する習性があるので、水族館でも観察されるのだ。

バブルリングはイルカたちが楽しいだけでなく、私たち観覧者も楽しませてくれる。その上、入館者が増えたから水族館も大喜び。本当にみんなを幸せにするバブルリングになったのだ。

涼しい季節には、オウサマペンギンが広場で散歩する

ペンギンが人を見下ろして泳ぐ。この窓からはペンギンの気持ちになれる

天井がアクリルになったペンギン水槽の下にはソファーベッドがあり、寝そべって空のペンギンを見られる

サンゴ礁の海が広く深く再現されている。南の海でダイビングするような感覚が味わえる

サンゴ礁の海のチンアナゴの仲間

ペンギン展示の魅力

アクアスのもう一つの魅力がペンギン館だ。このペンギン館で実現させたのは、天井を泳ぐペンギンだ。亜南極のペンギンと、温帯のフンボルトペンギンの水槽の二つに分かれている。

姿が立派なオウサマペンギンや、飾りバネと鋭い目つきのイワトビペンギンがいる亜南極のほうは陸上展示が人気なのだが、温帯のフンボルトペンギンのほうは、水中展示が魅力的。明るくて青空を仰ぐことのできる水槽が大人気だ。この水槽のおかげで、水塊の魅力もぐっと増している。

Information

しまね海洋館 アクアス

☎0855-28-3900

島根県浜田市久代町1117番地2

営9:00～17:00　※夏季延長営業あり　※入館は閉館の1時間前まで　休火曜日（祝日の場合は開館し翌日休）　料大人1540円、小・中・高校生510円　電JR山陰本線波子駅から徒歩約12分　車山陰道江津道路浜田東ICから約5km　Pあり

渋川マリン水族館の施設名は玉野海洋博物館。ヨーロッパの歴史ある博物館を思わせる上質な空間がいい

庭のプールにはアシカの仲間オタリア。アザラシとペンギンもいる

初めて出会ったソトイワシ。気品ある美しさ

前庭のプールにはアカウミガメがいる

水塊度	★★
ショー	★
海獣度	★
海水生物	★★★
淡水生物	★★

Shibukawa Marine Aquarium

渋川マリン水族館

HP　岡山県玉野市

コンパクトな総合水族館

上品な充実展示

とてもコンパクトだが、水族館として押さえるべきところがしっかり押さえられ、海獣やペンギンもいる。さらに標本などによる博物展示が充実しており、筆者が知っている限りでは、世界最小の総合水族館だ。

小さい水族館ではあるが、水槽の周りに装飾が施されていたり、クジラの骨が吊り下がっていたりと、館内の展示に欧州の歴史ある博物館を思わせる上品さと落ち着きがある。

50トンの大水槽と、細長いホールに並べられた水槽に、瀬戸内海の生物に始まり、北の海から暖かい海、そして熱帯の海まで、過不足なく展示されているのにはとても驚いた！ しかも外庭には、オタリアのいるアシカ池、マゼランペンギンとゴマフアザラシの池、ウミガメ池にタイドプールまで備わっている。これには筆者も参りました。

比較的大型の水槽もある。メジロザメと思われるサメが我が物顔でいた

Information

渋川マリン水族館（玉野海洋博物館）

☎0863-81-8111

岡山県玉野市渋川2-6-1

営9:00～17:00　※夏季延長営業あり　※入館は閉館の30分前まで　休水曜日（祝日の場合は開館し翌日休）、1月4日、12月29日～12月31日　料大人500円、小人（5歳～15歳）250円　電JR宇野みなと線宇野駅から「渋川」もしくは「王子が岳 登山口」行きバスで30分「渋川」下車、徒歩約5分　車瀬戸中央自動車道児島ICから約12km　P渋川海水浴場駐車場を利用

宍道湖上流の川を再現した大型の水槽。ヤマメがたくさん。ピンクにうっすら色づいていて美しい

水塊度	★
ショー	
海獣度	
海水生物	★★★
淡水生物	★★★★

汽水を舞台に宍道湖、中海、島根の川

Lake Shinji Nature Museum Gobius

島根県立
宍道湖自然館ゴビウス

HP 島根県出雲市

左が中海、右が宍道湖、それぞれの汽水を好む魚たちを展示している

モクズガニ。美味しい川のカニ。この水族館は食がらみの展示が多い

ゴビウスはハゼの意味。展示にはハゼの種類が多い。これはチチブ

ゴビウスはハゼの学名

島根県の宍道湖《しんじこ》と中海は、海と順番につながった汽水湖だ。中海が海に近く、宍道湖はより淡水に近い。汽水域には汽水を好む生物だけでなく、海と淡水の生物が入り混じって豊かな生態系をつくっている。そして、宍道湖の湖畔に建つゴビウスは、汽水を舞台にした水族館なのだ。巨大水槽はないが、内容はとても充実しており面白い。ここでは川の生物との、楽しい出会いもある。

身を躍らせる若アユたちに迎えられて入館すると、前半の展示は汽水の仲間たちだ。ボラやスズキなど海の魚たちや、宍道湖の名産であるシジミの展示がある。そして、小さなハゼの仲間がとても多い。実は汽水域にはハゼが多く、ゴビウスとはハゼの学名である。

宍道湖と中海の展示を抜けると、その上流の川のコーナーに入る。渓流魚やオオサンショウウオの大型水槽に加え、たくさんの小さな水槽で、さまざまな生物を細かく見せてくれる。ここでは、魚類はもちろんのこと、両生類と水生昆虫の展示がとても豊富だ。

宍道湖七珍の一番手はスズキ。古事記の酒宴の席に登場するという出雲ならではの理由

大型魚の水槽。宍道湖の名産「宍道湖七珍」のうちウナギとコイが手前に出てきてくれた

シラウオも宍道湖七珍の一つ。そのため通年展示を実現している

トノサマガエル。カエルの仲間や昆虫など水辺の生物が楽しい

Information

島根県立宍道湖自然館ゴビウス

☎0853-63-7100

島根県出雲市園町1659-5

営9:30～17:00　※入館は閉館の30分前まで　休火曜日(祝日の場合は開館し翌日休)、1月4日、12月28日～12月31日　料大人500円、小・中・高校生200円　電一畑電車湖遊館新駅より徒歩約10分　車山陰自動車道宍道ICから約10km　Pあり

Tottori Karo Crab Aquarium

鳥取県立とっとり賀露かにっこ館

HP f 鳥取県鳥取市

松葉ガニのためのカニの水族館

松葉ガニがどっさりいる水槽。この水槽のためにある水族館と言っても過言ではない

世界最大のカニ、タカアシガニは当然展示している。一番人気がある

魚の水槽もある。マダイなど鳥取の海で捕れる魚たち

水塊度	
ショー	
海獣度	
海水生物	★★
淡水生物	★

鳥取県唯一の水族館

鳥取県の海産物と言えば松葉ガニ。和名はズワイガニで福井県では越前ガニと呼ばれるが、その松葉ガニにちなんで誕生したのが、鳥取県唯一でもあるこの水族館。

無料の水族館だが、カニの種類数は「かにっこ」の名に恥じず、巨大なタカアシガニから1㎝足らずのカニまで多種にわたり、エビやヤドカリの仲間も含まれる。

もちろん松葉ガニのコーナーは立派で、深海底のごとき水槽にわんさかいる！　最高級ブランド五《いつ》輝星《きぼし》のタグが付いた立派な松葉ガニまで展示されて、これは他では真似できない。

Information

鳥取県立とっとり賀露かにっこ館

☎0857-38-9669

鳥取県鳥取市賀露町西三丁目27-2

営9:00～17:00　※入館は閉館の15分前まで　休火曜日(祝日の場合は開館し翌日休)　※繁忙期は無休　料無料　電JR鳥取駅から賀露循環線「賀露」行きバスで約30～40分「かにっこ館前」下車すぐ　車鳥取自動車道鳥取ICから約20分　Pあり

土佐のぶっとび水族館

水塊度	★
ショー	★★
海獣度	★★
海水生物	★★★★
淡水生物	★★★

ルビー色の目のアカメが大群で出迎えてくれる。アカメはこの水族館の本当の顔

近頃の水族館の顔はこちら、おとどちゃん（写真提供：桂浜水族館）

Katsurahama Aquarium

桂浜水族館

高知県高知市

コツメカワウソの食事タイム。ねだる姿がかわいい

屋内中央にはウミガメの広いプール。エサを求めて近寄ってくる

トレーナーととても仲のいいアシカ。ヒレと手で握手のよう

スタッフも展示物

高知県の古くからの観光名所、風光明媚な桂浜の中央に建つこの水族館は、正面に明るい土佐の海と美しい砂浜を臨む。

さて桂浜水族館、近頃日本一ぶっ飛んだ水族館として有名だ。しかもそのネタは、公式ホームページに真っ先に出てくるユルくないゆるキャラおとどちゃんとか、ツイッターに次々投稿されるスタッフたちのあり得ないパフォーマンスとかで、水族館の展示とはほぼ関係なしというもの。

それこそがこの水族館の特徴、スタッフも展示物の精神というわけ。そしてスタッフによる手作り展示と家庭的なもてなし運営が現れている部分だ。もちろん本来の展示生物もしっかりしている。

こちらの名物はなんといってもアカメだ。四万十川などの河口で生まれているとされるアカメは、土佐湾全域に生息している。ここで飼育されているアカメも、スタッフが近くの海で釣ってきたものだそうだ。巨大なアカメが群れているのはなかなかの迫力で、目を赤く光らせる照明も置かれている。

フンボルトペンギン。昔ながらのペンギン池展示だが不思議に落ち着く。周囲が自然たっぷりだからだろうか

魚名板の全てが切り絵！
美しいアート作品のようで水槽より人気

ちょっと攻撃的なスッポン。淡水生物も充実している

ヒブダイ。この魚の名前も切り絵の魚名板ですぐに判明した

ライブコーラルの水槽。南国土佐の海にはサンゴ礁がある

とにかく水槽の外でも目が離せない。これは妖怪の河童を展示しているらしい

Information

桂浜水族館

☎088-841-2437

高知県高知市浦戸778 桂浜公園内

営9:00〜17:00 休無休 料大人1200円、小・中学生600円、幼児(3歳以上)400円 電JR高知駅から「桂浜」行バスで約30分「桂浜」下車、徒歩約5分 車高知自動車道高知ICから約30分 P高知市営桂浜公園駐車場を利用

水族館は桂浜の、あり得ないほどの海に近い浜辺に建つ。目の前は太平洋

芸術的な切り絵の魚名板

他にない手作り感のもう一つが、魚名板《ぎょめいばん》で、実は最近話題の「読ませる手描き解説」の元祖はこの水族館。なんと言っても生物画がわざわざ切り絵なのだ。絵心のある飼育スタッフが切り絵でつくったという生物の絵はよく特徴をとらえている上に、独特の味わいがある。その芸術的な切り絵とともに添えられたコメントも、図鑑の写しなどではなく、飼育をしていて気づいたことや、美味しい食べ方などが土佐弁丸出しで書かれていて、読ませる内容だ。

この魚名板を見つけた観覧者のほぼ全員が、その後は水槽でなくまず魚名板を楽しんでから、その魚がどれなのかを水槽で探す。

屋外エリアは広大で、おとどちゃんのモデルとされるトドをはじめアシカやペンギン、コツメカワウソなど人気生物が展示され、それぞれショーなどイベントがある。

桂浜水族館のぶっ飛び度は、公式ツイッターをチェックすれば一発で分かるのでぜひご覧いただきたい。抱腹絶倒の後、1%の人はすぐに訪問予定を組むはずだ。

最大の水槽は、ピラルクーなど大型魚熱帯魚がいる半トンネル型。空から降り注ぐ太陽光で神々しい姿に！

水塊度	★★
ショー	★
海獣度	★
海水生物	★
淡水生物	★★★★★

四万十川上流の水景。色づいたカワムツたちと銀色のウグイ

広見川は天然のウナギ漁が盛ん。有名な鰻料理は漁期限定だ

OSAKANAKAN

虹の森公園おさかな館

HP f ◎　愛媛県北宇和郡

下流の水槽にはアカメの大群。しかも巨大だ！　目がルビー色に見える場所と照明が準備されている

巨大アカメと天然ウナギ

愛媛県松野町の虹の森公園は、四万十川の支流・広見川のほとりにある。広見川では古くから漁業が盛んで、おさかな館は、四万十川と広見川の魅力を伝えるための水族館だ。

もちろん、展示の半分以上を占めるのは、四万十川の流域に沿った魚類の紹介。上流、中流、下流の景観を、緑の植栽まで含めて再現した水槽と、河口にいる海の生物の展示がある。四万十川と言えばアカメがあまりにも有名だが、こちらでは巨大なアカメたちが群れを成し、水族館飼育下では最大となる1m級のアカメもいる。

しかし展示の一番のこだわりは天然ウナギの展示だ。この町の料亭では、鰻料理は天然ウナギが獲れる時期にしか出さないほどだから、当然展示もこだわっている。水槽展示はもちろん、伝統漁からウナギの生態などこれでもかと紹介し、なんとタッチングプールもウナギだ。素晴らしきウナギ愛！

直立するワニやペンギンも

世界の淡水生物の展示も充実していて、とりわけ半トンネル大水槽でのピラルクーやナマズなど、そしてデンキウナギ、デンキナマズなどいずれも川の巨魚がとても多いうえ、水を掛けると直立をするワニ（カイマン）がいたりと、バラエティに富んでいる。

そして、久しぶりに訪れて驚いた！　四万十川展示にカワウソ、屋外にペンギンの展示が増設されていたのだ。エサの時間には必ず解説が付き、飼育スタッフの軽妙な解説が楽しいイベントだ。

水浴びをすると二本足で直立するカイマンだいごろう

フンボルトペンギンのエサの時間。泳ぐ姿を見る窓もある

デンキウナギがたくさん！
しかもみんな太くて巨大！

カワウソもエサの時間には元気に走り回る

Information

虹の森公園おさかな館

☎0895-20-5006

愛媛県北宇和郡松野町大字延野々1510-1

営9:00～17:00　※入館は閉館の30分前まで　休水曜日、1月1日　料大人900円、小・中学生400円、幼児（3歳以上）200円　電JR松丸駅から徒歩約3分　車松山自動車道三間ICから約15km　Pあり

中国
四国

Akitsuio

四万十川学遊館あきついお

HP　高知県四万十市

――最後の清流の汽水域にこだわる

四万十川下流の代表的な魚アカメ

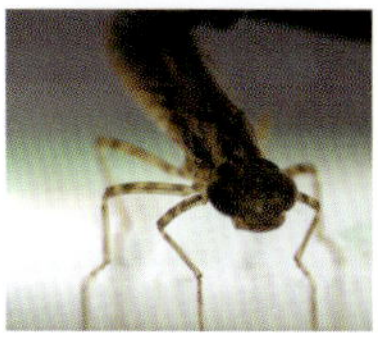

トンボエリアの水槽にいたギンヤンマのヤゴ

熱帯淡水魚のコーナーも充実している

水塊度	
ショー	
海獣度	
海水生物	★
淡水生物	★★★★★

水生昆虫から魚類まで

高知県の言葉で「あきつ」はトンボ、「いお」は魚。ここの施設は、四万十川流域の自然を、トンボと魚で表現している。展示の中心は「さかな館」だ。

四万十川河口に位置しているので、河口の生物の展示が多い。汽水域の豊かな環境が、幻の魚アカメを育み、春はハゼの幼魚を捕るゴリ漁、夏から秋にかけてはアユやウナギ漁、さらに川海苔漁と、この流域に住む人たちに豊かな自然を与えている。

水生昆虫の展示が多いのも特徴で、トンボ館の方でも、膨大なトンボ標本に加え、様々なトンボのヤゴが飼育展示されていた。

Information

四万十川学遊館あきついお

☎0880-37-4110

高知県四万十市具同8055-5

営9:00～17:00　休月曜日（祝日の場合は開館し翌日休）　※繁忙期は無休　料大人860円、中・高校生430円、小人（4歳以上）320円　電土佐くろしお鉄道中村駅からタクシー約10分　車高知自動車道四万十町中央ICから約50km　Pあり

アメリカマナティーのカップル。大きいのがメス、奥の小さいのがオス

山の上でマナティーと会う

水塊度	★
ショー	★★★
海獣度	★★★★
海水生物	★★
淡水生物	★★★

国内では、美ら海水族館とここだけで飼育されている

New Yashima Aquarium

新屋島水族館

HP 香川県高松市

寛永通宝型の水槽をゼニガタアザラシが回る。オヤジギャグ的水槽だが穴は四角では？

バイカルアザラシもカップルで。長いヒゲを得意そうに立てた

コツメカワウソ。隣にはペンギンも展示

アメリカマナティーに会える

香川県には標高300mの山の上に水族館がある。歴史があって建物は古いが、水槽の数は多く、イルカショーもありペンギンもいる本格的な水族館なのだ。

ここでは何をさしおいても、アメリカマナティーに会っておかねばならない。マナティーだけを目当てにやってくるというファンもいるほどで、日本ではわずかしか飼育されていない。

大きくて太って貫禄のある方がメス、小さい方がオスで、仲の良いペアだ。メスの方は海牛類にしては珍しく、観覧者に興味を持って近づいてきてくれることがある。海獣類はわりあい多い。屋外には、ショーの合間に観覧者に水を掛けて喜ぶちょっと意地悪なイルカと、寛永通宝型の水槽を回るゼニガタアザラシがいる。屋内ではアシカショーとバイカルアザラシの展示がある。

魚類の方の展示は、山の上だからか、淡水水槽が主。入り口にあるアマゾンの巨大魚水槽は実は日本最大級！　山の上ではあるが、見どころの多い水族館なのだ。

最大の魚類水槽は淡水のアマゾン水槽。大型のナマズやコロソマが泳ぐ、水槽周りの擬岩装飾がすごい。アマゾンらしい雰囲気がある

凝った形状の水槽が増えて、古さと新しさが交錯して面白い

縦になった土管にチンアナゴのように立つウツボはなかなか新鮮

バンドウイルカによるショーがある。ショーの合間には客に水をかけたり威嚇したりと遊んでくれる

Information

新屋島水族館

☎087-841-2678

香川県高松市屋島東町1785-1

営9:00～17:00　※入館は閉館の30分前まで　休無休　料大人1200円、中人(中・高校生)700円、小人(3歳以上)500円、シニア(65歳以上)700円　電JR屋島駅から屋島山上シャトルバスで約10分　車高松中央自動車道高松中央ICから約10km　P山上駐車場を利用

Hiwasa Chelonian Museum Caretta

日和佐うみがめ博物館カレッタ

徳島県海部郡

――ウミガメ産卵地にある個性派水族館

子ガメ水槽。アカウミガメの子が年齢によって分けて展示されている

子ガメながら、生きることへの力強さにあふれている

世界のウミガメ8種類が剥製標本で展示される

水塊度	
ショー	
海獣度	
海水生物	★
淡水生物	

子ガメたちが泳ぐ水槽

徳島県日和佐の海岸は、全国屈指のアカウミガメの産卵地だ。そこにウミガメの博物館がある。カレッタはアカウミガメの学名だ。

ウミガメの産卵地は、海岸線が後退したり、浜がなくなるなどの問題が起きているが、この海岸はウミガメの産卵地として国の天然記念物の指定がされている他、手厚い保護がなされている。

浜でウミガメの産卵や、子ガメの船出を観察する前に、ここで知識を得ておきたい。子ガメが成長して再び生まれた海岸に戻ってくるまでの壮大なドラマには、心を動かされることだろう。

Information

日和佐うみがめ博物館カレッタ

☎0884-77-1110

徳島県海部郡美波町日和佐浦370-4

営9:00～17:00　休月曜日(祝日の場合は開館し翌日休)、12月29日～31日　料大人600円、中・高校生500円、小学生300円　電JR日和佐駅から徒歩20分　車徳島自動車道徳島ICから約50km　Pあり

廃校を利用した日本唯一の水族館

教室の真ん中、床をくり抜いて大きなアクリル製円柱水槽がはめ込まれている。周囲の壁には小水槽が並べられ、水槽参観を楽しめる

中央に円柱水槽のある教室は3つあって、この教室の主役はブリ

手洗い場をそのままタッチングプールに使っている

水塊度	
ショー	
海獣度	
海水生物	★★
淡水生物	★

Muroto Schoolhouse Aquarium

むろと廃校水族館

HP f

高知県室戸市

学校プールにサメが！

その名前の通り、廃校になった小学校を水族館にリノベーションした、高知県4館目の水族館である。本書の改訂版でも初登場する生まれたての水族館だ。廃校を水族館に活用したのは日本初のケースだから話題になったのと、ノルスタジーを刺激するのだろう、大勢の来館者があった。

テレビなどでは、学校プールにサメとウミガメが泳いでいるのが画として面白いため、中心的に紹介されるが、実は屋内の展示の方がよく工夫され、教室や廊下に水族館展示が絶妙に融合している。

手洗い場をそのまま使ったタッチングプールや、跳び箱水槽はネタとして面白い。教室の真ん中をくり抜いた円柱形の水槽も、一般的な水族館にはない不思議な感覚がある。魚名板が黒板のミニチュアなのも愉快だ。

跳び箱を水槽に改造して展示。その説明も黒板を使った解説板だ

水槽の奥に黒板型の解説板が見える。こちらはトウゴロウイワシ

学校プールはそのまま海水を入れて、サメとウミガメのプールになった。ちょっとシュールな写真が撮れる

Information

むろと廃校水族館

☎0887-22-0815

高知県室戸市室戸岬町533-2

営9:00～18:00（4月～9月）、9:00～17:00（10月～3月） 休無休

料大人600円、小・中学生300円 車高知駅から約87km Pあり

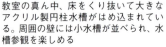

四国最南端、南国の水族館

水族館中央にそびえる大水槽。大物はシノノメサカタザメとヤイトハタ。どちらも格好いい

マンボウがとてもクリアに見える。マンボウの写真を撮るなら、日本一条件のいい展示

最長のウツボ、オナガウツボ

土佐なので龍馬＝リョウマエビ

水塊度	★★
ショー	★
海獣度	★
海水生物	★★★★★
淡水生物	

Ashizuri Kaiyokan

高知県立足摺海洋館

HP f

高知県土佐清水市

現在建設中の新足摺海洋館の完成予想図。左は「足摺の原生林」の展示。また新しい「竜串湾」の大水槽が楽しみだ（画像提供：足摺海洋館）

黒潮が育む足摺の海

四国の最南端、高知県足摺《あしずり》宇和海国立公園・竜串には、黒潮に育まれた美しく豊かな海がある。足摺海洋館のカラフルな展示物のすべてが、この竜串海中公園と土佐の海に生息するものばかりだ。

海洋館の中央には、深さ6mの巨大水槽がそびえ立っていて、ロウニンアジやツバメウオなどがグルグル回る中、巨大なヤイトハタたちが、まるで獲物を狙うかのようにふわりと現れ旋回する。マンボウの展示も他の水族館にはないクリアな見え方でおすすめだ。

その周囲や2階に配置された展示室では、この地域ならではの、小さくて美しいサンゴ礁生物たちが目を楽しませてくれる。目の前のサンゴ礁からのオリジナルな採集によって、珍しい生物が展示されており、魅力だ。

なお、2020年7月に新足摺海洋館としてリニューアルオープンの予定で、現施設は'20年2月末までの営業となる。

Information

高知県立足摺海洋館

☎0880-85-0635

高知県土佐清水市三崎字今芝4032

営8:00～18:00（4月～8月）、9:00～17:00（9月～3月）
休12月第3木曜日　料大人720円、小・中・高校生360円
電土佐くろしお鉄道宿毛駅から「清水プラザパル前」行きバスで約60分「竜串海洋館前」下車すぐ　車高知自動車道四万十町中央ICから約80km　Pあり

Column 04

全国の水族館ベスト10

National aquarium best 10

一度は体験したいベスト展示

全国の水族館を回っていると、形や大きさに関係なく、タイプの似通った水槽と何度も出会う。同じ日本の水域や、地球の普遍的なテーマで展示するのだから、しょうがないところではあるが、さすがに食傷気味にもなる。

その一方で、一目で心に残る逸品とでも言うべき展示も存在する。今までの常識を一変させるような展示であるとともに、時間を忘れてしまうほどに、美しく好奇心が持ち上がる水槽。

ここでは、その水槽を見るためだけでも遠出する価値のある展示を、大小関係なく紹介したい。あくまでも筆者視点ではあるが、どの水槽も訪れて損はないはずだ。

aquarium best 10

1 天空のペンギン

8p ［サンシャイン水族館］

空飛ぶペンギンの光景は他にないだけでなく、奥行き感も浮遊感も最新最高の水塊。午前中は特別美しい

2 クラゲドリームシアター

82p ［加茂水族館］

ミズクラゲに直径5mの巨大水槽という発想に驚愕。圧倒的な浮遊感でクラゲ水槽での水塊度は世界一

3 サンゴ礁の海

76p ［アクアマリンふくしま］

これほど印象的なサンゴ礁展示は他にない。キンメモドキの数と自然光へのこだわりによる最高傑作

4 玄界灘水槽

202p ［マリンワールド海の中道］

頭上で砕ける大波の爆発音と、気泡で一気に暗転し、やがて射す光の明暗、一連で異世界へ連れて行かれる

5 北の大地の四季・滝壺

54p ［北の大地の水族館］

滝壺を下から見上げ、真冬の四季水槽は凍った川で魚が春を待つ。いずれも世界初の幻想的な景観

6 アザラシ舎・カバ舎

62p ［旭山動物園］

アザラシのチューブの浮遊感は水族館に衝撃を与えた。カバの水中遊泳もまた世界初で最高の浮遊感

7 うねる渓流の森

176p ［マリホ水族館］

渓流のうねる激流を再現しゴギ（イワナ）の生態を展示。清涼感と躍動感に巻き込まれる世界初の水塊

8 マイワシトルネード

110p ［名古屋港水族館］

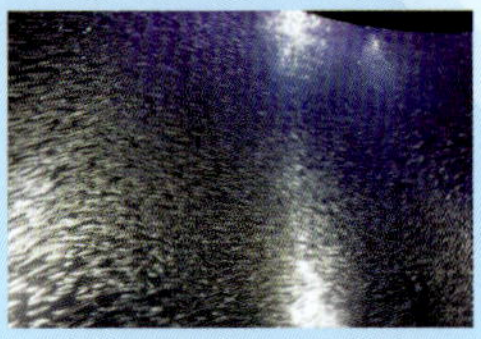

全国のマイワシ行動展示の原点がこれだが、今も同様の水槽では日本最大。もちろん日本一の動く巨大銀屏風である

9 ペンギン大編隊

172p ［海響館］

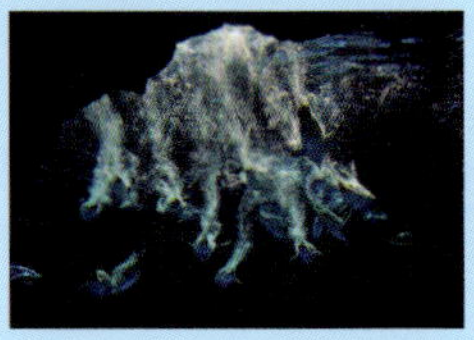

極地ペンギンによる集団潜水はこの巨大水槽でしか見られない。まるで南極海に潜っているよう

10 ドルフィンファンタジー

30p ［八景島シーパラダイス］

青空の下は近年の水塊キーワードの一つ。イルカを照らす自然光が美しく、健康的でフォトジェニック

九州・沖縄

福岡県、佐賀県、長崎県、熊本県
大分県、宮崎県、鹿児島県、沖縄県

沖縄美ら海水族館

海と太陽が生んだ水中宮殿

水塊度	★★★★★
ショー	★★★
海獣度	★★★
海水生物	★★★★★
淡水生物	★★

Okinawa Churaumi Aquarium

沖縄美ら海水族館

HP f 🐦 沖縄県国頭郡

沖縄で最も恐れられているイタチザメ。日本刀のような紋様がいかにも手強そうだ

危険ザメの展示では美ら海水族館がおそらく世界一。ここで一番の暴れん坊は、3mを超える巨漢のオオメジロザメだ

あまりに圧倒的な水量7500トンの水塊。巨大なジンベエザメが複数頭、軽々と入る大きさを実現した世界初の水槽だ

ドーム状の透明天井を下から仰ぎ見る場所も人気だ

水槽真下から見上げる先に2頭のジンベエザメが浮遊する

注目のブラックマンタは、腹側が黒いナンヨウマンタ

圧倒的な水塊

超巨大な海の宮殿、美ら海水族館。沖縄の海の魅力は、今やビーチよりもこの水族館のほうが上かもしれない。ジンベエザメの泳ぐ巨大水槽ばかりが紹介されるが、それは見どころの一つにすぎない。この水族館では、今までダイバーにのみ許されていた世界が、誰にでも体感できるのだ。沖縄の美ら海の様々な場所でダイビングする気持ちを味わいたい。

琉球大理石が敷き詰められたロビーから美ら海にダイブするとすぐに、明るいサンゴ礁の海が広がる。青く透き通った水の塊による美しい光景にきっと心を奪われることだろう。

降り注ぐ太陽の光が、海底の真っ白な砂に反射して、水槽いっぱいに満たされている。白砂の海底は、サンゴ砂による沖縄特有の景観だが、これほど白くまぶしい海底は、水族館で見た覚えがない。

実は、筆者が水族館の魅力を図る尺度にしている〝水塊〟は、ここを初めて訪れたときに、その圧倒的な水量と美しさに目を回しながらたどり着いた言葉なのだ。

70種ものサンゴが沖縄の太陽を浴びて育つ巨大水槽。ここでは誰もがサンゴ礁ダイビングの気分を楽しめる

サンゴ礁の洞窟も再現されて、太陽光がうっすらと射し込む

ニシキエビはイセエビ類の中で最大。美味しそう！　との声が聞こえるが実際に美味

色とりどりの魚が集い、本当のサンゴ礁と見まごうばかり

ジンベエザメと危険ザメ

順路にしたがって深みへと進めば、サンゴ礁の縁へ至る。タマカイやメガネモチノウオなど、サンゴ礁の大物たちの悠々たる姿が目を引く。そして、目に眩しかった白い海底が、とつぜんオーバーハングした岩陰に消える。サンゴ礁のダイビング時に好奇心と冒険心をくすぐる岩穴までもが、水槽の中に再現されているのだ。

巨大な水塊、黒潮の海の水槽にも陽が降り注ぐことで開放感が増す。巨体のジンベエザメが3頭泳いでも窮屈に感じない水槽、マンタが自在に泳ぎ、トビエイが群れで回遊する水槽、まるで黒潮がここに流れ込んでいるように錯覚するほどの巨大さだ。

美ら海の巨大なサメはジンベエザメだけではない。この水族館にはもう一つ、沖縄ならではのサメの展示がある。サメ博士の部屋では、よく人を襲う危険ザメなどが泳ぐ。ホホジロザメの体型を思わせるオオメジロザメの威圧感、日本刀を思わせる模様のイタチザメには緊張感が漂う。いずれも人の襲撃例が多いサメだ。

伊江島の浮かぶ青い海を背景に、オキゴンドウとミナミバンドウイルカがショーをする。これはなんと無料エリア

ヤギに付着した色とりどりのコトクラゲ。花のように見える。これも超稀少

目が巨大すぎる深海魚オキナワクルマダイ。超稀少で、会えるのはここだけ

深海展示も日本最大。ナガタチカマス（写真）やハマダイなど飼育困難種が泳ぐ深層の海水槽

地元でない唯一の生物アメリカマナティーが無料ゾーンにいる。日本で唯一繁殖にも成功

Information

沖縄美ら海水族館

☎0980-48-3748

沖縄県国頭郡本部町石川424

営8:30～18:30(10月～2月)、8:30～20:00(3月～9月)※入館は閉館の1時間前まで　休12月の第1水曜日とその翌日　料大人1850円、中人(高校生)1230円、小・中学生610円　電那覇空港から高速バスで約2時間半～3時間　車沖縄自動車道許田ICから約27km　Pあり

深海とビーチの美ら海

驚いたことに、美ら海の展示は深海にまでおよぶ。深海生物専用の大水槽まで備えていて、深海のゾーンだけで、一般的な水族館一つ分の展示ボリュームがあるほどだ。大水槽を泳ぐナガタチカマスや、装飾サンゴとなるホウセキサンゴの色に、今までの水族館にない世界を感じる。白砂のビーチから深海まで、この超巨大な海の宮殿にはまさしく沖縄の美ら海そのものがあった。

そしてさらに美ら海水族館の展示は宮殿の外、館外のビーチにまで広がる。

コバルトブルーに輝く海と島を背景に、オキゴンドウとイルカのパフォーマンスが行われる「オキちゃん劇場」や「イルカラグーン」。産卵場もあるウミガメ5種類の「ウミガメ館」。さらには、日本で初めて繁殖に成功した「アメリカマナティー館」。それぞれ見ごたえたっぷりの展示にも関わらず、これらは無料エリアに点在している。眩しい太陽の下で、ふと、「琉球」の言葉が「竜宮」に重なった。

九州の海をテーマに大リニューアル

轟音と共に頭上から大波が襲う玄界灘の水槽。波の水泡は魚の群れを蹴散らしながら、光を遮り一瞬暗くなる

水塊度	★★★★★
ショー	★★★★
海獣度	★★★★★
海水生物	★★★★★
淡水生物	★

揺れる光と魚群で水塊度は最高。何度でも次の波を待ちたくなる

MARINE WORLD UMINONAKAMICHI

マリンワールド 海の中道

HP LINE YouTube f

福岡県福岡市

玄界灘の荒波を体感

博多湾と玄界灘を分けるように延びる大きな砂州が、通称「海の中道《なかみち》」。そこに整備された国営の海浜公園の中核施設として、マリンワールド海の中道はある。開業より27年間は、対馬暖流をテーマに展示が構成されていたが、2017年のリニューアル時、筆者がプロデューサーとして関わり、新テーマとして「九州の海」に変更させてもらった。九州最大の巨大水族館として、玄界灘から奄美大島の海まで、さらに海を育む川の源流までを網羅し、九州全域をテーマにする水族館へと生まれ変わったのだ。

リニューアル後の大人気展示が、最初に出迎えてくれる玄界灘の水槽だ。荒磯に打ち付ける白波を水中から覗く体験だ。ドンと身体に響く音、陽光を遮って暗闇にする白波、翻弄される魚群、その迫力は他の水族館では絶対に味わえない。

他にも奄美のサンゴ礁や阿蘇の湧水池の展示などを新設。新しくなったマリンワールドの個性として、強くアピールしている。

水の森のエリア、阿蘇の湧水池を再現。緑に囲まれ水草の揺れる水辺で清涼感に包まれる

鹿児島の錦江湾海底。サンゴ類の林の中をアカオビハナダイが妖艶に群れる

有明海を再現した水槽では、ムツゴロウやシオマネキが闊歩する

九州の深海のエリアでは、低水温で暗い環境に合わせた水槽が並び、不思議な姿の生物たちが現れる。こちらはコシオリエビ

透明なイカのお造りと言えば呼子のイカ。イカの展示は外せない。こちらはアオリイカ

巨大なパノラマ水槽

黒潮と対馬暖流に囲まれた九州を象徴するのが、水族館の中央に位置する九州の外洋大水槽だ。

この水槽には、サメとエイの種類が多く、3mものシロワニたちが、マイワシの群れをかき分けて悠然と泳ぐ様子を見ることができる。その躍動感は本物の海のようで、まさに水塊の魅力たっぷりだ。現在は多くの水族館で見かけるシロワニだが、日本で初めて飼育を始めたのはここマリンワールドだった。

なお、この水槽ではダイバーがビデオカメラを持って解説をする、アクアライブショーが行われており、これも日本で最初だった。

福岡県の身近なイルカ、スナメリとの出会いは楽しい。スナメリは日本沿岸に生息するイルカだが、西に行くほど体格が小さい。とりわけ九州沿岸のものは、伊勢湾のものに比べて半分ほどの体重と思われる。その小さなスナメリたちがまた人に対してとても愛想がいい。アクリル越しに顔を寄せていると、みんなで集まってくるのだ。人の子どものようにイルカ

九州の外洋。キラキラ輝くマイワシの巨大な魚群をサメが切り開いて通る

美しいフリソデエビが、赤いヒトデを生きたまま食べている。これもサンゴ礁の社会

奄美のサンゴ礁の光景。様々な色や形のサンゴ礁魚類が社会をつくる

南西諸島のサンゴ礁をライブコーラルの群生で再現

たちが集まってくるなど、なんというかメルヘンの世界に近い。

一方、バンドウイルカとアシカのパフォーマンスは、博多湾を背景にしたスタジアムで演じられることで、九州とのつながりを見せている。開けた海の光景が爽快で、九州の水族館では最も華やかなショーである。

かいじゅうアイランド

本館を出ると、アシカとアザラシそしてペンギンの施設「かいじゅうアイランド」がある。屋内には、海獣プールへつき出した正方形の5面すべてがアクリル張りの透明な観覧室があり、「うみなかキューブ」と名付けれている。水中にある透明な部屋というだけでも奇抜だが、そのキューブの中には、プールとつながったこれも透明のアクリルチューブが通っていて、アザラシたちがそのチューブを通り抜ける。この不思議な光景に大人も大はしゃぎだ。

そして外には自慢のペンギンの丘がある。ここではケープペンギンが緑の芝生の丘でくつろぐ。太陽の下、土と草の大地こそがペンギンのすみかだ。

博多湾を背にイルカショー。バンドウ、カマ、コビレゴンドウと種類も多く、トレーナーの水中演技が見られるのは九州ではここだけ

かいじゅうアイランドの水中感たっぷりな観覧室「うみなかチューブ」。ゴマフアザラシとアシカに会える

福岡のイルカとしてスナメリがいる。バブルリングなどを行うパフォーマンスもある

Information

マリンワールド海の中道

☎092-603-0400

福岡県福岡市東区大字西戸崎18-28

営9:30～17:30(3月～11月)、10:00～17:00(12月～2月)※繁忙期は延長営業あり ※入館は閉館の1時間前まで 休2月の第1月曜日とその翌日 料大人2300円、中学生1200円、小学生1000円、幼児(4歳以上)600円、シニア(65歳以上)1840円 電JR香椎線海ノ中道駅から徒歩約5分 車福岡都市高速1号線香椎浜ICから約6km Pあり

ケープペンギンは芝生の丘での飼育展示を実現。くつろいだり、散歩したりと、気持ちよさそう

世界一のペンギンワールド

自然の浜辺、ふれあいペンギンビーチにいるフンボルトペンギンたち。人との間に柵がなく、自然と同じ緊張感で群れて一日を暮らす

亜南極ペンギンの水槽は深く広い。オウサマペンギンとジェンツーペンギンが泳ぐ

水塊度	★★
ショー	★
海獣度	★★
海水生物	★★★★
淡水生物	★★

Nagasaki Penguin Aquarium

長崎ペンギン水族館

HP f

長崎県長崎市

ペンギン9種180羽

ペンギン好きなら、何はさておき訪れたい水族館が長崎ペンギン水族館だ。広い敷地のほとんどがペンギンのためのスペースとなっている。エントランスにそびえる水深4ｍの亜南極ペンギンプール。ダイナミックにペンギンが泳ぐさまは、水塊へのあこがれを満足させてくれるだろう。

ペンギン水族館だけあって、ここで飼育しているペンギンの種類数は世界最多だ。オウサマ、イワトビ、マカロニ、ジェンツー、フンボルト、ケープ、マゼラン、コガタそして新たに加わったヒゲペンギンと2019年4月時点で全9種類、約180羽を飼育しているのだ。

この水族館は、長い歴史のあった長崎水族館からペンギン飼育を引き継いだ。ペンギンが多かった理由は、長崎には捕鯨の基地があったため、南氷洋でキャッチャーボートに飛び込んでくるペンギンたちが連れてこられたのだ。

そのため過去の飼育種類を合わせるとコウテイペンギンを含む12種類ものペンギン飼育の実績があ

温帯ペンギンエリアには、ケープ、マゼラン、フンボルトの、それぞれ広い飼育場がある

ペンギンのなかでは最小のコガタペンギン

巣材の石を集めるジェンツーペンギン

長崎の海の生物展示はしっかり押さえている

カタクチイワシはペンギンの餌として展示

亜南極ペンギンは、イワトビ、マカロニ、ヒゲ、オウサマ、ジェンツーがいる

Information

長崎ペンギン水族館

☎095-838-3131

長崎県長崎市宿町3番地16

営9:00～17:00　※夏季延長営業あり　休無休　料大人510円、幼児・小・中学生300円　電JR長崎駅「長崎駅前南口」バス停から「網場」または「春日車庫前」行きバスで約30分「ペンギン水族館前」下車すぐ　車長崎自動車道長崎芒塚ICから約4.6km　Ⓟあり

タイ王国からの親善大使メコンオオナマズがとても立派に育っている

る。また、今では全国で見かけるペンギンパレードの元祖はここでもある。オウサマペンギンの運動不足解消のために、始められたものだったのだ。長崎ペンギン水族館の歴史は、日本のペンギン展示の歴史と言ってもいいだろう。

自然のビーチに放し飼い

その歴史にまた新たなシーンが加わった。それが「ふれあいペンギンビーチ」。なんと自然の海のビーチにペンギンを放し飼いにしたのだ。放されるのはケープペンギン。故郷南アフリカでは、一般の海水浴ビーチで繁殖し、海水浴客と一緒に泳いでいるのだが、それを水族館の裏のビーチで再現した。朝から夕方までの間、広い外の世界に出る彼らは、館内と違ってしっかり群れで行動をとる。緊張感のある野生の顔がキリリと格好いい。

ペンギン以外の展示ゾーンも十分ある。トラフザメなど大型魚の大水槽や、地元有明海のムツゴロウやカニなど干潟の生物と、地元の海の展示は万全だ。さらにタイ政府から長崎市に寄贈されたメコンオオナマズの巨体も見逃せない。

イルカ同士が空中でキャッチボールをする。小さいプールだからこその、他のどこにもないパフォーマンスに拍手喝采

きらめく九十九島の海を再現

ハナゴンドウがボールをくわえて得意げに見せに来た

KUJUKUSHIMA AQUARIUM UMIKIRARA

九十九島水族館 海きらら

HP YouTube

長崎県佐世保市

待望の新施設誕生

海きららは、自然たっぷりの景勝地九十九島への遊覧船が出る「西海パールシーリゾート」にある。キラキラ名称は、2009年に大きな最新型水族館が増設されたときに付けられた名称だ。それまでの小規模水族館から最新の中規模水族館へと大変身した。

九十九島の生物相豊かなフィールドで、スタッフ自ら採集や調査研究を続け、その知識で手描き解説を毎日書き換えるなど、展示活動を工夫してきた水族館に新施設ができたのだから面白くないわけがない。

まず紹介すべきは、長崎県初のイルカパフォーマンスだろう。九十九島の風景をバックに、バンドウイルカとハナゴンドウがジャンプする。とりわけ2頭が空中でキャッチボールするパフォーマンスは、全国でもここだけだ。

イルカたちは、プログラム以外の時間にも、観覧者とキャッチボールを楽しんだり、水中窓でコミュニケーションを楽しむ。遊び好きなイルカをさらに遊び好きにさせたトレーナーの技が光る。

九十九島大水槽の半トンネルから頭上を見上げる。海底からの景観が広がる

クマノミがイソギンチャクの家から顔をのぞかせる

岩礁にはサザナミフグ。九十九島には対馬暖流が流れ込む

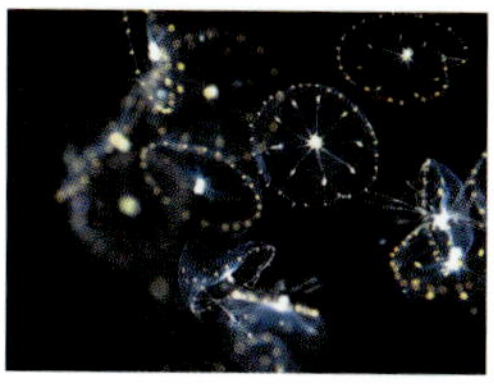

珍しいクラゲが多様にいて見飽きない。ホシヤスジクラゲ

九十九島にはカブトガニの生息地があるため研究と保護活動に尽力している

九十九島大水槽には太陽光が入り込み、海中を覗いているような気分になれる

「もしもし水槽」では受話器を耳に当てると、飼育員が替え歌で解説。最高に面白い！

Information

九十九島水族館 海きらら

☎0956-28-4187

長崎県佐世保市鹿子前町1008番地

営9:00～18:00(3月～10月)、9:00～17:00(11月～2月) ※入館は閉館の30分前まで 休無休 料大人1440円、小人(4歳～中学生)720円 電JR佐世保駅から「パールシーリゾート・九十九島水族館」行きバスで約25分、終点下車すぐ 車西九州自動車道佐世保中央ICから約5km Pあり

太陽の差し込む水塊

九十九島大水槽は、近年流行の深さを強調した大水槽にしては若干浅めなのだが、実際の大きさとは逆に、他の水族館のものよりも、深く広く感じる。それは水中に太陽光が燦々と降り注いでいることと、底が白い砂であることで、水塊が息づいているためだ。

その海にイワシやサバの群れがキラキラと銀色の光を放つ。美しく、水中感たっぷりだ。まるで九十九島の海でダイビングをしているかのような光景が、観覧者の目の前に広がる。

海きららのもう一つの魅力はクラゲだ。「クラゲシンフォニードーム」と名付けられた巨大なクラゲ展示館がある。プラネタリウム風の映像システムの下、そのスケールは日本一を誇る加茂水族館に次ぐものだ。展示されているクラゲも珍しいものばかり。九十九島はクラゲの宝庫であるらしく、100種類以上のクラゲが確認されており、それを全20基の展示水槽で紹介するのだからバリエーションも豊かなのである。クラゲファンは絶対に見逃せない。

クサガメが遊んでくれた。首の黄色い模様が粋で格好いい

紫川観察窓に、クロダイとスズキがやってきた。魚礁が置かれてから魚影が濃くなった

水面の黄色の帯が川の水、比重の重い緑色の海水は底に潜る。これを「塩水くさび」と言うらしい

トビハゼの餌やり体験に参加してみた。すごく可愛い！

Kitakyusyu Mizukankyokan

北九州市水環境館

HP YouTube

福岡県北九州市

日本最大の河川観察窓がある

水塊度	★
ショー	
海獣度	
海水生物	★
淡水生物	★★★

河口の代表的な住民アカテガニ。だんだん見なくなってきたが

少し色づいて美しいカワムツ。西日本の川魚なのだとか、子どもの頃の川遊びの相手だ

汚染から復活した紫川

水環境館は、北九州市の紫川沿いの堤防の中（地下）にある水族館だ。高度成長期時代にひどく汚染された紫川を、地域の努力で復活させた過去を踏まえ、紫川の自然と暮らしや歴史を伝えるために誕生した。

無料の施設だが、固定の水槽を含むたくさんの小型水槽で埋め尽くされている。なかでもトビハゼに指でエサをあげるイベントが人気だ。

しかしここではなんと言っても、紫川の水中を直接覗くことのできる観察窓に注目したい。幅7m超と、河川観察窓では全国最大の大きさだ。海が近い河口なので、ボラやセイゴ、クロダイなど汽水を好む魚を多く観察できる。川の断面が2色に分かれているのは「塩水くさび」という現象だ。満潮時に比重の重い海水が川底を遡り、淡水が水面側を下る様子を肉眼で観察できる。

Information

北九州市水環境館

☎093-551-3011

福岡県北九州市小倉北区船場町1-2

営10:00～19:00　休火曜日、年末年始　料無料　電JR小倉駅から徒歩約10分　車北九州都市高速1号線大手町ICから約1.5km　P勝山公園地下駐車場を利用

むつごろう水族館

Mutsugoro Aquarium

休館

長崎県諫早市

HP YouTube f

諫早湾の干拓と川を学べる展示

水塊度	
ショー	
海獣度	
海水生物	★★
淡水生物	★★★

干潟の水槽を目指す展示。2階からの円周スロープに川の展示が上流から並ぶ

よそではみかけないムツゴロウがたくさんいる

有明海最強の顔力を持ったワラスボ。エイリアン並みだ

いつでもムツゴロウ

有明海唯一の水族館。干潟の生物だけなく、諫早《いさはや》を流れる本明川の源流、滝の水槽から始まり、渓流、中流そして有明海に至るまでの生物が、大規模な環境再現水槽を並べて紹介されている。直径5mの広い人工干潟の水槽には、ムツゴロウはもちろんのこと、トビハゼやシオマネキたちが闊歩する。

ムツゴロウはシャイな性格で、じっと待っていると、水中から顔を出してくる。コバルトブルーの斑点が美しい。見逃せないのは、エイリアンと見間違う顔のワラスボだ。この地域ではこの顔も干物にしていただくという。

Information

むつごろう水族館

休館(2022年10月1日〜)

☎0957-24-6776

長崎県諫早市小野島町2232番地

営9:30〜17:00 ※入館は閉館30分前 休月曜日(祝日の場合は開館し翌日休)、12月30日〜1月1日 料大人300円、小・中学生200円、幼児(3歳以上)100円 電島原鉄道干拓の里駅から徒歩約15分 車長崎自動車道諫早ICから約10km Pあり

佐賀県立宇宙科学館

The Saga Pref. Space & Science Museum

佐賀県武雄市

HP f

有明海と水田の用水路がテーマ

水塊度	
ショー	
海獣度	
海水生物	★
淡水生物	★★

小川での川遊びが懐かしい農業用水路の水槽

九州固有のタナゴ、カゼトゲタナゴ

有明海の水槽には、タイラギガイやワラスボがいる

宇宙の中の水族館

宇宙に水族館というと宇宙メダカを想像されるだろうが、そんなごまかしではなく水族館である。宇宙科学館はいわゆる科学系博物館で、佐賀の自然をテーマにしたゾーンに、立派な水槽展示「ゆめぎんがアクアリウム」ゾーンがあるのだ。

佐賀県には玄界灘と有明海という対照的な海があるが、この館で中心的な展示は、佐賀平野の淡水魚類だ。そこに有明海の不思議な生物たちの水槽が連なる。佐賀平野は、鎌倉時代から干拓による水田の人工水路が縦横に引かれた。その水路に息づく生物たちの自然の姿を展示している。

Information

佐賀県立宇宙科学館

☎0954-20-1666

佐賀県武雄市武雄町永島16351

営9:15〜17:15、土日祝9:15〜18:00 休月曜日(祝日の場合は開館し翌日休)、12月29日〜12月31日 料大人510円、高校生300円、小・中学生200円、幼児(4歳以上)100円 電JR武雄温泉駅からタクシーで約10分 車長崎自動車道武雄北方ICから約15分 Pあり

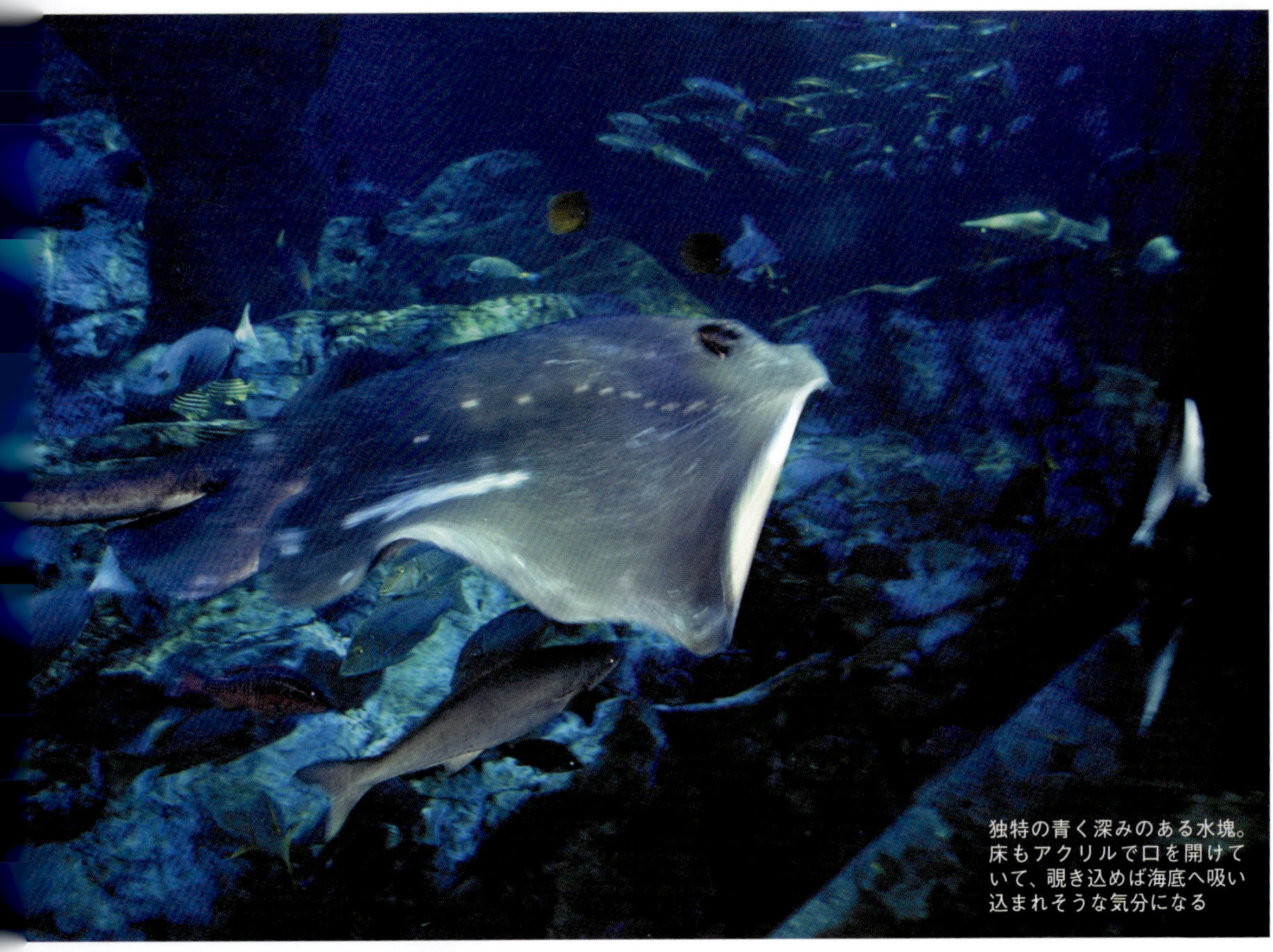

独特の青く深みのある水塊。床もアクリルで口を開けていて、覗き込めば海底へ吸い込まれそうな気分になる

同じ水槽の裏側は、下から見上げて深さを感じるつくりに。巨大なドーナツ型水槽だったのだ

Umitamago

大分マリーンパレス水族館 うみたまご

HP LINE YouTube

大分県大分市

水塊度	★★★★★
ショー	★★★★
海獣度	★★★★★
海水生物	★★★★★
淡水生物	★★★

新しい水族館の時代を切り開いた

水族館の枠にはまらない

すべての生物は、太古の海から生まれた。つまり海は卵みたいなもの、というわけで「うみたまご」と名付けられた。海は生命の母、と繰り返してきた水族館界にあって、あえてこの名とすることで、新しい水族館のスタイルをつくろうとする意思を感じる。40年の歴史を刻んできた大分マリンパレス水族館が2004年にリニューアルして生まれ変わったのが、本水族館。そしてこれを境に日本の水族館の新時代が始まった。

近年の日本の水族館では珍しく、建物のほぼ半分に屋根がなく、九州の豪快な気候にマッチしている。屋上の広いタイドプールは、目の前の海と一体化して見えるつくりとなっている。

展示を作り進化させる

屋内に入れば、オリジナルの音楽が耳に心地良い。やはり新しい。明るい川の展示にリラックスしながら歩を進めると、突然、海の中に浮かんでいる自分を発見する。暗い空間に巨大な水槽の一部が浮かび上がり、ホールを青く染

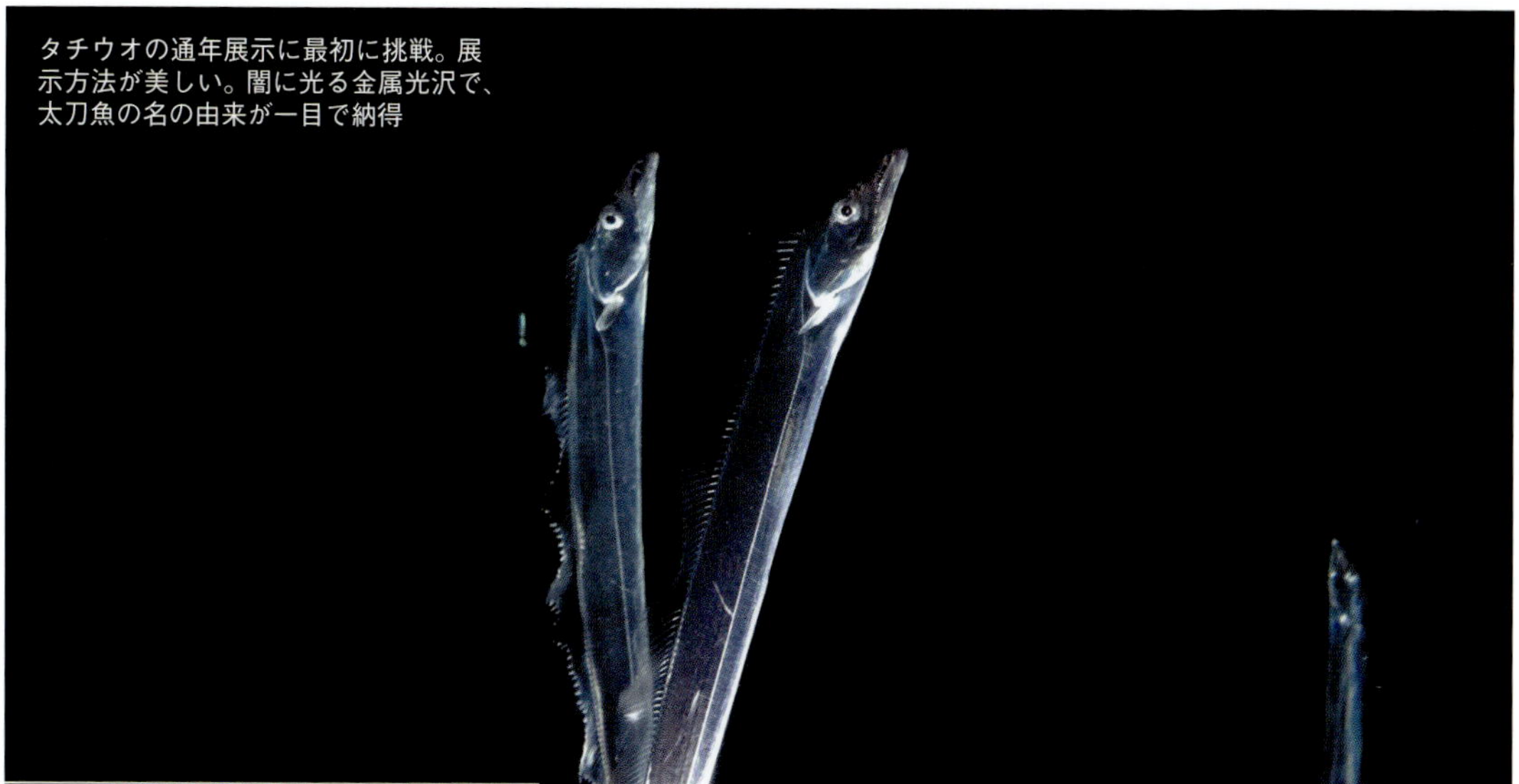

タチウオの通年展示に最初に挑戦。展示方法が美しい。闇に光る金属光沢で、太刀魚の名の由来が一目で納得

イワシの群遊も金属光沢に輝く銀色が美しい

ピラルクーなど熱帯淡水魚の展示もある

生きているサンゴ礁の水槽。サンゴ育成の先駆け水族館

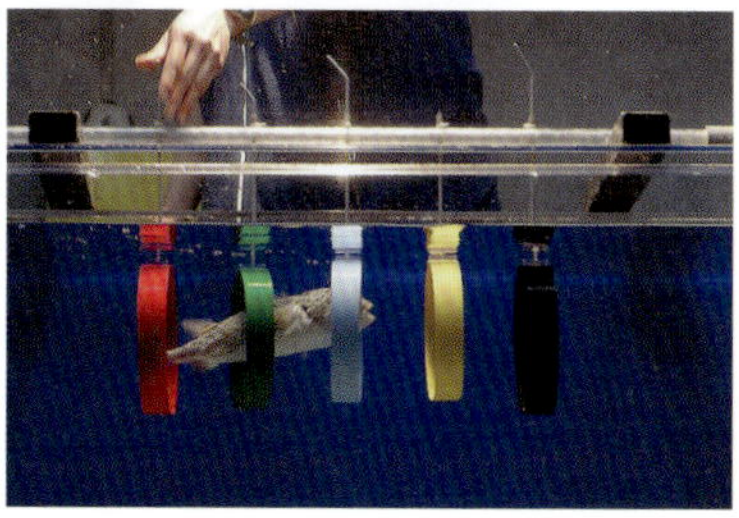

近年すたれていた魚のショーを採用したのも新しい

美しいスカートを優雅に広げた感じのセミホウボウが可愛い

ハマクマノミ、ソフトコーラルもよく育っている

めているのだ。青い水塊に近づくと、床までもがアクリル張りになっていて、足下の先に魚と海底が見える。本当に海中に浮かんでいる感覚になれる水塊だ。

海の優しさに包まれたような卵形の部屋を抜けると、通路にポッカリ空いた闇の水中。そこに妖刀のごとくギラリと光り揺れるのは縦に泳ぐタチウオだった。暗い水槽内にスッと立つ日本刀のような姿に、タチウオが太刀魚でもあり、立ち魚でもあることがわかる。タチウオの通年展示はこの水族館で始まった。

逆に、他の水族館では廃止の方向にあった、魚類を使った実験ショーは、広い実験ホールをしつらえて、一大エンターテインメントへと生まれ変わらせている。

海獣たちがとても近い

屋外展示の主役はトドやセイウチなどの海獣たちだ。

屋上の広くて水量や擬岩がたっぷりあるプールで、太陽の光と大気を存分に浴びて暮らす。雨の日や強い日差しの下での観覧を避けたい人々も、動物たちの自然で元気な姿を見ているときっと気分が

別府湾と一体化しているように見えるタイドプールが青空を写す。中央のトレンチを通って水中観察ができる

イルカショープールの水中窓。バンドウイルカが遊びにきてくれる

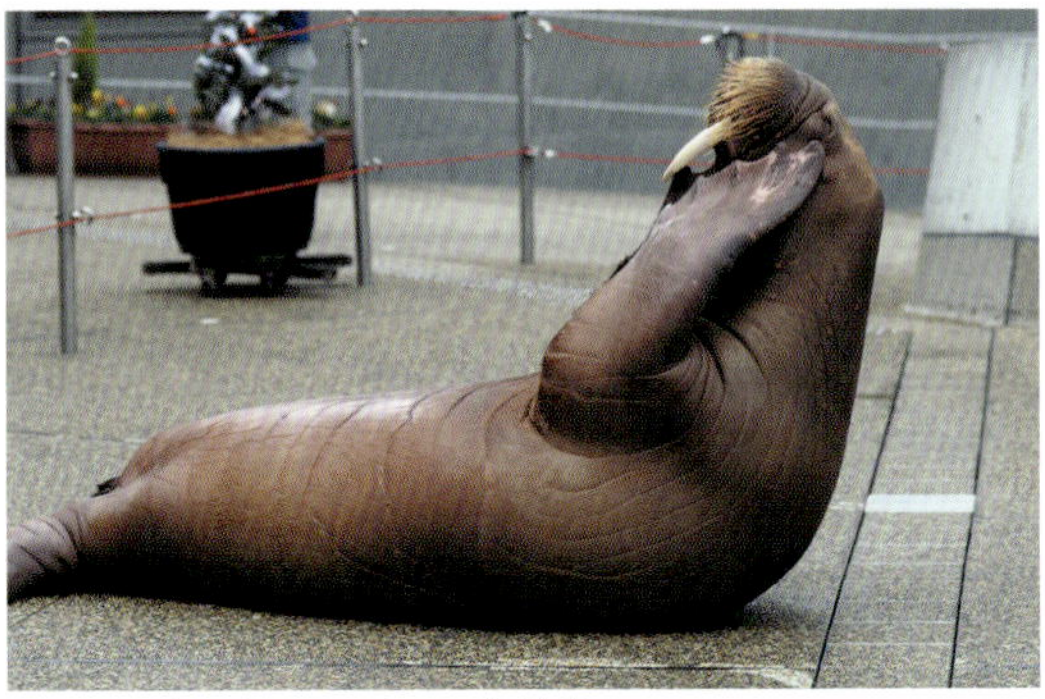

ショーに出てきたセイウチは芸達者

セイウチたちは水中でとてもフレンドリー。よく遊んでくれる

アゴヒゲアザラシが近寄ってきてくれた。ヒゲが長い！

ハイイロアザラシのショーは日本でここだけ。とぼけた顔に味がある

変わるだろう。海に揺られて暮らす、海獣たちのゆったりした時間が伝わるのだろうか。それが動物園にはあまりない、水族館ならではの体験かもしれない。

水中観覧では、ご機嫌顔のセイウチやアザラシが、水中窓に来て遊んでくれる。パフォーマンスの時間になると、セイウチがプールから観覧フロアまで出てきてふれあいをさせてくれる。海獣たちのふだんのままの姿を大切にし、パフォーマンスに無理がないことも、新しい水族館への姿勢が現れていて、気分が晴れやかになる。

Information

大分マリーンパレス水族館うみたまご

☎097-534-1010

大分県大分市大字神崎字ウト3078番地の22

営9:00～18:00(3月～10月)、9:00～17:00(11月～2月)　※延長営業あり　休不定休(年2日程度)　料大人2200円、小人(小・中学生)1100円、幼児(4歳以上)700円、シニア(70歳以上)1800円　電JR別府駅から「大分駅」行きバスで約15分「高崎山自然動物園前」下車すぐ　車東九州自動車道別府ICから約10km　Pあり

陽光ふりそそぐ川がある

陽光射し込む川に集うコイは健康的で精悍なイメージ

水草の中をクサガメが泳ぐ

美しく輝くアユ。番匠川は鮎漁で有名な川だ

オオウナギは九州の川や池に多い

岩から流れ落ちる滝、うっそうとした植栽に水中の流木、自然の川がそのまま切り取られてきたかのよう

Banjo Osakanakan

道の駅やよい 番匠おさかな館

HP YouTube f　大分県佐伯市

水塊度	★★
ショー	
海獣度	
海水生物	
淡水生物	★★★★

山あいの自然を再現

山あいの里にある道の駅に併設された淡水水族館。この地域を流れる自然豊かな番匠川《ばんじょうがわ》の環境を館内に再現している。多くの水槽に、自然光がふりそそいでいるのが特徴的で、陽光が館内にあふれる明るい水族館だ。

メインの水槽は、アユやカワムツが踊る上中流域の水槽と、コイがゆったり泳ぐ下流の水槽だ。いずれも自然環境の再現がよく、魚たちの動きがリアルで、子どもの頃に夢中になって遊んだ川の記憶がよみがえる。

奥に行くと温室のゾーンとなり、熱帯雨林を思わせる植物園の中に、世界の熱帯淡水魚の水槽がレイアウトされている。大型のナマズやコロソマたちが、明るい日差しの中で健康そうな巨体に育っている。

スタッフ手作りの展示も多く、ハンズオン展示は面白い。ぜひ手に取って遊んでみてほしい。

明るく広い温室には、世界の熱帯魚が地域別に展示される

Information

道の駅やよい番匠おさかな館

☎0972-46-5922

大分県佐伯市弥生大字上小倉898-1

営10:00～17:00　※入館は閉館の15分前まで　休毎月第2火曜日(祝日の場合は開館し翌週の火曜日休館)、年末年始 料大人300円、子供(4歳～小学生)200円 電JR日豊本線佐伯駅から「大分県庁前」行きバスで20分「道の駅やよい前」下車すぐ 車東九州自動車道佐伯ICから約4km Pあり

鹿児島から南西諸島の豊かな海

水塊度	★★★★★
ショー	★★
海獣度	★★
海水生物	★★★★★
淡水生物	★★★★★

黒潮大水槽は正面からだけでなく半トンネルで頭上を見上げることもできる。ジンベエザメを仰ぎ見る

黒潮大水槽の正面、イワシの群れの移動を追いかける女の子

鹿児島で鰹節になっている魚たちが群れる。グルクマ、スマ、カツオ、クロマグロ

Kagoshima City Aquarium

いおワールド かごしま水族館

HP f ▶ 鹿児島県鹿児島市

「生きる」を哲学にした展示

鹿児島県の海は、与論島《よろんじま》まで、南北600㎞にも連なる広大なエリアだ。そこには、活火山である桜島が中核を占める錦江湾《きんこうわん》や、南西諸島のサンゴ礁、さらにはヒルギ科植物などが生育するマングローブの海岸など、バラエティに富んだ環境が存在する。

いおワールドかごしま水族館は、その鹿児島の海をベースに展示がなされた水族館。アザラシとアマゾンのコーナー以外は、すべて鹿児島県の海で構成されている。

さて、館内で最初に迎えてくれる黒潮の大水槽。ここでは大きなジンベエザメが悠然と泳ぐが、他の水族館の黒潮の海の大水槽とはひと味違う点がある。「生きる」をテーマにしたこの水族館では、展示の目玉ジンベエザメを、体長が5・5mを超える前に海に放流するのだ。幅25mの大水槽であっても、成長すると20mにもなるジンベエザメの天寿をまっとうするまで飼育できない、という考え方による。実にまともな考え方だが、なかなかできないことだ。そのこだわりに敬意を表したい。

サンゴ礁の王者タマカイ。鹿児島県は与論島までの西南諸島を含む。島々にはサンゴ礁が広がっている

大きなイソギンチャクに3種類のクマノミが同居していた

生きているサンゴ礁の小さな谷。美しくレイアウトされている

イルカライブプールの地下にこんな窓がある。ぜひ立ち寄って欲しい

求愛するチンアナゴを間近に観察

異世界生物サツマハオリムシ

桜島をいただく錦江湾では、海底から火山性物質が吹き出す。その硫化水素をエネルギーにして海底で生きるのが本来深海性のサツマハオリムシだ。この水族館では、世界で初めてハオリムシを飼育展示した。じっと見てみると、小さなエビがたくさん付いていることに気づく。深海の映像でしか見られなかった異世界が、実際に目の前にあることに感動する。

奄美大島や与論島も鹿児島県だが、九州本島から見たらかなりの異世界だ。なかでも鹿児島県の最南端に位置する与論島は、沖縄の直ぐ隣であり、サンゴ礁に囲まれた島だ。また、奄美大島には、広大なマングローブの原生林がある。そのため、サンゴ礁展示は、細部まで生物に覆われ、じつに臨場感がある。加えて、マングローブ植物ヒルギの展示を主とした展示もあるのだ。

水中のイルカにあいさつ

水族館を訪ねたらたいてい、イルカショーは見逃さないだろうが、ここではショーをやっていな

鹿児島の名産キビナゴのキラキラと美しい群れ。展示は非常に難しい

ノコギリエイは深海のサメ、じっと動かず何かを待ち構える

錦江湾海底のサンゴの群生帯展示にアカオビハナダイの艶やかなピンク

錦江湾のたぎりに生息するサツマハオリムシ。通常は深海で見つかる

アマゾンの巨大魚たちの水槽は間口も奥行きも広く日本最大級。給餌タイムの迫力がすごい。見逃さないように！

い時間も見逃せない。プールを水中から見る地階があり、ぜひ行ってみたい。ダイナミックなジャンプするイルカではなく、気泡を使って好奇心豊かに遊んでいるイルカを発見するだろう。

　また、地元種ではないが、アマゾンのピラルクー水槽は、全国有数の広さとピラルクーの数で、しょっちゅうどれかが大きな音を立てて空気呼吸をしている。こちらも見逃せない展示だ。もし土曜日に訪れたら、ピラルクーの食事タイムを狙いたい。あの巨体がぶつかり合う迫力が凄い。

Information

いおワールドかごしま水族館

☎099-226-2233

鹿児島県鹿児島市本港新町3-1

営9:30〜18:00　※繁忙期は21時まで営業　※入館は閉館の1時間前まで　休12月第1月曜日から4日間　料大人1500円、小・中学生750円、幼児（4歳以上）350円　電JR鹿児島中央駅から「鹿児島駅前」行き市電で15分「水族館口」下車、徒歩約8分　車九州自動車道薩摩吉田ICまたは鹿児島北ICから約20分　Pあり

天草の海に浮かぶ
全館フロートの水族館

幻想的なブルーに染まった
サンゴ礁の海にてタテジマ
キンチャクダイ

狭い船内と低い
天井をものとも
せず展示づくり
がされている

水塊度	
ショー	★
海獣度	★
海水生物	★★
淡水生物	★★★

展示が稀少なヒョウモン
ダコを発見。唾液に猛毒
を持つタコで危険

ソウシハギ。天草の
海は豊かな海だ

この水族館の特徴は、所狭しと手描きの解説が貼られ、時には壁に直書きもある。見よ！　ピラニア水槽でのこの悪乗りの良さ

Seadonut

わくわく海中水族館
シードーナツ

HP

熊本県上天草市

ドーナツで世界一周

なんとこの水族館、海に浮かぶ円形ドーナツ型の水族館で、全館が海上にあるのは日本でここだけだ。喫水より下は、ドーナツの外側と内側とに窓が取り付けられており、両側から水中を観察することができる。

近頃、隣につなげていけすが浮かべられて、そこではイルカとのふれあい体験プログラムが開催される。

館内の水槽のほうは、ドーナツを一周すると世界一周ができるという趣向になっていて、淡水魚の展示がなかなかいい。しかし何よりも目に飛び込んで来るのが、ところ狭しと、まるで屏風絵のように並んだスタッフお手製の、手描き解説だ。普通の解説板だとうるさいだけだが、手描きの字と絵には魂がこもっていて、まるで漫画の吹き出しのように目に飛び込んで来る。しっかり漫喫、いや満喫できた。

ドーナツ船の隣にはいけすが浮かべられ、バンドウイルカが歓迎のジャンプをしてくれた

Information

わくわく海中水族館シードーナツ

☎0969-56-1155

熊本県上天草市松島町合津6225-7

営9:00～18:00(3月20日～10月31日)、9:00～17:00(11月1日～3月19日)　休不定休　料大人1300円、中・高校生800円、小学生500円、幼児(3歳以上)400円、シニア(65歳以上)1200円　電JR三角駅からバスで約30分　車九州自動車道松橋ICから約42km　Pあり

豊富な湧水で内外の淡水魚を展示

周囲の水槽には世界の様々な淡水魚。美しい色のアジアアロワナ

日本の川のテナガエビ。アユやヤマメ、オオサンショウウオの姿もあった

レッドテールキャットとアリゲーターガーがとりわけ元気にドヤ顔で泳いでいる

水族館の中心にあるメインの円柱水槽。生息地にとらわれず大型熱帯魚を展示

Idenoyama Freshwater Fish Aquarium

出の山淡水魚水族館

HP　宮崎県小林市

チョウザメ養殖と水族館

宮崎県小林市、県内で初めて成功したチョウザメ養殖池のある出の山湧水の正面に、この淡水魚専門の水族館はある。

駐車場からはチョウザメの養殖池の横を歩くので、時折チョウザメの背びれが見える。興味がわいた頃、水中のチョウザメを見る水槽もあった。

この水族館で目をひくのは館内の中央にある、大型の円柱ドーナツ水槽だ。大きく育ったレッドテールキャットや、丸太ん棒のような体躯のアリゲーターガーが、それぞれ勝手な方向に回る。みんなが王様といっていい水槽だ。

この大型水槽を囲むように周囲にはたくさんの水槽が、ぎっしり並んでいる。展示されているのは熱帯淡水魚が多いが、オオサンショウウオやアユなど湧水をそのまま喜びそうな者たちもいる。帰りがけ、湧水池で清水を飲んだがそれはもう甘露だった。

湧水の源流。そこかしこから清涼な水があふれ、水草の緑が美しい

水塊度	
ショー	
海獣度	
海水生物	
淡水生物	★★★★★

Information

出の山淡水水族館

☎0984-22-4326

宮崎県小林市南西方1091(出の山公園内)

営9:00～17:00　休月曜日(祝日の場合は開館し翌日休)、12月29日～1月1日　料大人200円、子ども(小学生～高校生以下)100円　電JR吉都線小林駅からコミュニティバスで約10分「井の山入口」下車徒歩約15分、または「上園」下車徒歩11分　車宮崎自動車道小林ICから約2km　Pあり

奄美の海に手軽にダイビング

大水槽は正面が深さ5mで急深の海、奥が浅瀬でウミガメへの餌やりは浅瀬でやっている

ゴマフキンチャクフグ。小水槽がたくさん並ぶコーナーがある

珍しいホシダカラガイ（星宝貝）の展示。小水槽のコーナーには珍しい展示が多い

エサをもらおうと上陸してきたアオウミガメのまだ小さな個体

水塊度	★
ショー	
海獣度	
海水生物	★★
淡水生物	

Amami Ocean Exhibition Hall

奄美海洋展示館

HP

鹿児島県奄美市

ウミガメの餌やり体験

奄美市大浜海浜公園にある奄美海洋展示館は、鹿児島の諸島で唯一の水族館である。

館内中央には両側に階段の付いた大きな水槽が鎮座する。この水槽は奄美の海中地形を再現していて、若いアオウミガメや南洋系魚類が泳いでいる。

観覧ギャラリーが明るすぎるため、水中が少々見づらいのが残念だが、水中を眺めながら階段を昇り水面上にたどり着けば、ウミガメへの餌やり体験コーナーがあった。アオウミガメは産卵時以外でも海岸に上がるウミガメだからか、エサを持っていたら陸に上がってきた。

大水槽以外の展示も力が入っており、小さくて美しいサンゴ礁生物に会える小さな水槽があった。魚たちは元気で美しく、タカラガイや猛毒のイモガイなど他の水族館ではあまり見られない生物がいてなかなか面白い。

サンゴ礁をイメージした水槽。手前はムラサメモンガラ

Information

奄美海洋展示館

☎0997-55-6000

鹿児島県奄美市名瀬小宿字大浜701-1

営9:30～18:00　※入館は閉館の30分前まで　休12月30日～1月1日、6月と12月に3日間　料大人500円、小人（小･中学生）300円、幼児（4歳以上）100円　車奄美空港から約40km　Pあり

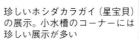

アユの群れ。五ヶ瀬川はアユ漁で有名なのだとか

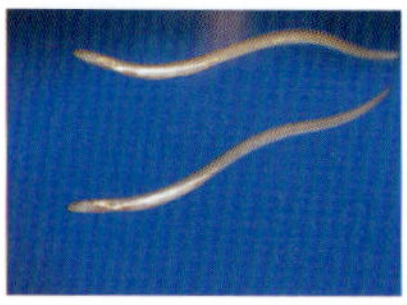

珍しいウナギの幼魚に会った

SUMIE Family Aqarium

すみえファミリー水族館

HP　宮崎県延岡市

小さいけれど盛りだくさん

ノコギリガザミ。立派な爪を振り回して威嚇してきた

水塊度	
ショー	
海獣度	
海水生物	★★
淡水生物	★★

五ヶ瀬川と日向灘《ひゅうがなだ》

宮崎県延岡市須美江町に小さな水族館、すみえファミリー水族館がある。小さいながら独立した建物で、展示はてんこ盛りの盛りだくさん。テーマは九州山地から高千穂峡を通って、目の前の日向灘に流れ出る五ヶ瀬川の水系と、日向灘の生物だ。

五ヶ瀬川はアユの梁漁《やなりょう》で有名なので、アユの展示には力が入っている。また四万十川と同じく、アカメの生息する川でもあるとのことで、アカメもたくさんいた。

いずれも海と川が必要な魚だが、訪れた時には、海から遡上するウナギの幼魚が展示されていた。宮崎県はウナギ養殖生産量で全国3位の県なのだ。

Information

すみえファミリー水族館

☎0982-43-0169

宮崎県延岡市須美江町1450-2

営9:00～17:00　※入館は閉館の30分前まで　休水曜日（祝日の場合は開館し翌日休）　料大人300円、小・中学生200円　車東九州自動車道須美江ICから約3km　Pあり

Takachihokyo tansuigyo Aquarium

高千穂峡淡水魚水族館

HP f　宮崎県西臼杵郡

神々の里の水族館

多角形水槽を中心にたくさんの水槽が並ぶ

外来魚のソウギョ

高千穂峡下流の五ヶ瀬川はアカメの棲む川

水塊度	
ショー	
海獣度	
海水生物	
淡水生物	★★

渓谷歩きとセットで楽しむ

天孫降臨の舞台と伝わる神秘的な渓谷・高千穂峡にある淡水水族館。高千穂峡は、溶岩から流れ落ちる玉垂の滝が有名だが、その湧出水を利用して、五ヶ瀬川水系の淡水魚を展示している。

館内は大きくはないが、ひんやり涼しく落ち着く。大地に切れ込んだ高千穂峡のウォーキングを楽しんだあと、そこに棲んでいる生物たちと会うのがこの水族館の格別な味わいだ。五ヶ瀬川の河口にはすみえファミリー水族館があり、一本の川に二つの水族館があるのは珍しい。

Information

高千穂峡淡水魚水族館

☎0982-72-2269

宮崎県西臼杵郡高千穂町向山60-1

営9:00～17:00　休12月31日～1月1日　料大人300円、小・中学生200円、幼児（3歳以上）100円　電JR延岡駅から「高千穂バスセンター」行きバスで約90分終点下車、徒歩約2km　車東九州自動車道延岡ICから約40km　Pなし（高千穂峡内の有料駐車場）

あとがき

水族館とは体験する教養施設

さて、全国の水族館125施設の旅はいかがだっただろう？　本書は水族館ガイドと名乗りながら、たった1冊に125施設、最大でもわずか4ページの紹介だから、十分な解説はとてもできない。そのため初版時は、お目当ての水族館の情報が1ページしか載っていなかった、という不満が続出するのではないか？　などと心配する向きもあったほどだ。

しかし今、そのような心配は無用だと確信している。そもそも特定の水族館の情報を知りたいのなら、今どきはインターネット検索を使えばいい。ほとんどの施設が自ら情報を発信し、さらに利用者の声も探すことができる。しかもそれらは全て無料。つまり、目的の定まっている利用者にとって、今やガイドブックなど無用の時代なのだ。

それにも関わらず本書が出版されているのは、現代日本の文化の一つである水族館を、集めて紹介することで、水族館文化を扱った読み物としての価値が生じると信じているからだ。

その意思の表明のために、著書名の頭に『中村元の全国水族館ガイド』などと、筆者の名前が付けられている。水族館という文化施設を、事業者側からも利用者側からも研究しつくしてきた筆者が、全て自ら体験した上でレポートする読み物であることを約束するためだ。つまり本書は、ガイドブックのていをなしながら、水族館プロデューサーである筆者の価値観を前提とした、水族館紀行の性質が強い。

そのため紹介した水族館の中には、それぞれの水族館が主張する理念をまともに反映していないこともある。また多くのケースでは、水族館がアピールしたがる展示と、筆者が取り上げる展示は同調していない。実のところ水族館関係者には読んでもらいたくないと思っているほど、水族館の意向とは違っていることを自覚している。それは、取材ではなく一利用者として訪問することにこだわり続けてきたせいだ。

しかし、そのようなスタイルこそが本書の価値である。筆者自身のモノの見方や基準による入館体験を通して、全国各地の水族館を知ってもらいたい。そうすれば、現代の水族館の様相が明らかになるとともに、その文化教養施設としての価値を、読者のみなさんと共有できるだろう。

その上で、気に入ったり気になった水族館があれば、ぜひ訪れていただきたい。もちろんその前にインターネットなどでさらに深く調べるのを忘れずに。

そうやって実際に水族館に訪れてみれば、おそらく本書の紹介とはまた違う何かを発見することだろう。それが水族館体験であり、水族館文化の面白さだ。

水族館は、一部で喧伝されているような教育施設ではない。ましてや理科教育のためにだけ存在するということは決してない。水族館とは『自然体験と同等の地球体験ができる教養施設』なのだ。そこでは知的好奇心が発芽し、観覧者一人ひとりの価値観による発見がある。その経験はその人なりの生き方や哲学が形成されるのに必ず役立つ。

たかだか水族館ガイドを手にしただけなのに、哲学まで来たか！と思われるかもしれないが、その哲学への道はリアル水族館に存在する。本書がその道標になることを心より期待している。

中村 元（なかむら・はじめ）

水族館プロデューサー。1956年三重県生まれ。鳥羽水族館を副館長で辞職し独立。新江の島水族館、サンシャイン水族館、北の大地の水族館のリニューアル、広島マリホ水族館新設などを手がけ、利用者起点のマーケティング理念と、斬新な「水塊」展示の開発により、いずれも奇跡的な集客増を成功させた。韓国および中国で手がけた水族館に加え、基本構想のみのプロデュースなどを合わせると10館以上をプロデュース。2019年現在国内の複数の水族館においてアドバイザーを務めるとともに、新たな水族館プロデュースに取りかかっている。北里大学の学芸員コースで展示学、東京コミュニケーションアート専門学校で名誉教育顧問として講義。著書は20冊を超え、近著に『水族館哲学 人生が変わる30館』(文春文庫)、『常識はずれの増客術』(講談社)など。

STAFF

■ Cover Design　横田和巳（株式会社 光雅）
■ Book Design　林野　一（株式会社 光雅）
■ Editor　坂本貴志／佐倉ゆりか

全館訪問取材《ぜんかんほうもんしゅざい》 中村元《なかむらはじめ》の全国水族館《ぜんこくすいぞくかん》ガイド125

2019年6月4日　第1刷発行
2023年6月1日　第5刷発行

著　者　中村 元《なかむらはじめ》
発行者　出樋一親／髙橋明男
編集発行　株式会社講談社ビーシー
〒112-0013　東京都文京区音羽 1-2-2
電話 03-3943-6559（書籍出版部）
発売発行　株式会社講談社
〒112-8001　東京都文京区音羽 2-12-21
電話 03-5395-4415（販売）
電話 03-5395-3615（業務）
印刷所　図書印刷株式会社
製本所　図書印刷株式会社

KODANSHA

ISBN978-4-06-220928-1